上海大学出版社

2005年上海大学博士学位论文 19

独立分量分析方法及在图像处理中的应用研究

- 作者：王明祥

- 专业：通信与信息系统

- 导师：方　勇　莫玉龙

2005 年上海大学博士学位论文 19

独立分量分析方法及在
图像处理中的应用研究

作　　者：王明祥
专　　业：通信与信息系统
导　　师：方　勇　莫玉龙

上海大学出版社
·上海·

Shanghai University Doctoral
Dissertation (2005)

Study on Independent Component Analysis Method and Its Applications to Image Processing

Candidate: Wang Mingxiang
Major: Communication and Information System
Supervisor: Prof. Fang Yong and Mo Yulong

Shanghai University Press
· Shanghai ·

上 海 大 学

本论文经答辩委员会全体委员审查,确认符合上海大学博士学位论文质量要求.

答辩委员会名单:

答辩委员会对论文的评语

该博士论文作者深入研究了独立分量分析(ICA)方法及其在图像处理中的应用,论文选题有一定的创新性,并取得了多项研究成果.论文作者取得的主要成果可归纳如下:

(1) 分别将 ICA 和小波变换、自组织映射、BP 神经网络结合起来,提出了三种改进的算法:1) 基于小波变换的 ICA 方法,分析了图像在小波域的统计特征,并由此导出小波域自然梯度算法可以获得更高的分离精度和更快的收敛速度. 2) 基于SOM 的后非线性 ICA 的初始化方法,通过推导和实验证明了该方法易于全局收敛,并提高收敛速度.3) 将 ICA 结合人工神经网络技术应用于人脸识别,通过实验验证该方法具有较高的识别率.

(2) 在多个具体的图像处理的应用中使用了 ICA 方法,包括运动目标检测、数字图像水印技术和自适应图像降噪等,实验和分析均证实了该方法具有一定的优越性.

论文理论正确,条理清晰,结构合理,文笔流畅,实验数据详实,结果可靠,反映出作者具有扎实的理论基础和系统的专业知识,具有较强的数学分析能力和独立科研能力.在答辩中表达清楚,回答问题正确.

答辩委员会表决结果

经答辩委员会表决,全票同意通过王明祥同学的博士学位论文答辩,建议授予工学博士学位.

答辩委员会主席: **王国中**

2005 年 3 月 3 日

摘　　要

　　独立分量分析(ICA)是近期发展起来的一种非常有效的盲信号处理技术,在许多应用领域正发挥着越来越重要的作用.ICA 具有重要的理论和应用价值,在无线通信、声纳、语音处理、图像处理和生物医学等领域具有广泛而诱人的应用前景,在过去的十几年时间里,有关的理论和算法研究都得到了较快的发展,并涌现出了许多有效的算法.目前,ICA 已经成为国际上信号处理和人工神经网络等学科领域的一个研究热点.

　　本论文对 ICA 算法的理论进行了详细的分析,将 ICA 和小波变换、自组织映射(SOM)、BP 神经网络等方法结合起来,提出了三种改进的 ICA 算法:基于小波变换的 ICA 方法、基于 SOM 的后非线性 ICA 的初始化方法,以及基于 ICA 和改进 BP 网络的人脸识别方法.并研究了 ICA 方法在图像处理中的应用,包括混合图像的盲分离、图像特征提取与识别、运动目标检测、数字图像水印的嵌入与提取,以及自适应图像降噪等,并提出了一些改进的方法.

　　论文的主要贡献及创新点包括以下几个方面:

　　(1) 提出了一种基于二维小波变换的 ICA 方法,并用于图像的盲分离.首先采用误差扰动法对自然梯度算法(NGA)的精确度进行了详细的研究,从理论上证明:当源信号的概率密度相同且非线性函数为双曲正切函数时,NGA 的稳态误差与源信号峭度的平方成反比.由于小波域高频子图像的分布近似为

2005 年上海大学
博士学位论文 ■

拉普拉斯分布,其峭度远大于原图的峭度,因此对小波域高频子图像进行 ICA 分解可以获得更高的分离精度.此外,高频子图像的大小为原图的四分之一,因此计算量大大减少,算法的收敛速度更快.其次,对小波域快速独立分量分析(FastICA)算法的收敛特性也进行了研究,得出该算法的收敛速度与源信号的峭度无关这一结论.同样,由于高频子图像的大小为原图的四分之一,因此算法的收敛速度也会明显提高.

(2) 针对基于自组织映射(SOM)的后非线性 ICA 方法的缺点,提出了一种新的具有全局拓扑保持特性的 SOM 网络权值初始化方法.该方法充分利用了混合信号的概率密度分布这一先验知识,构造出一种与该分布基本吻合的网格作为 SOM 网络的初始权值.该初始化方法不仅提高了 SOM 网络的收敛速度,而且可以有效地避免由于初值随机选取而导致算法陷入局部极小的情况.同时,在混合方式基本相同的情况下,可使输出信号的次序和符号保持不变,减小了 ICA 问题中不确定性的影响.此外,为了衡量该初始化方法的拓扑保持特性,本文还提出了一个简单的拓扑度量函数.最后,通过一维人工信号和二维自然图像的后非线性混合和盲分离实验,证实该初始化方法是有效的.

(3) 提出了一种基于 ICA 和改进 BP 神经网络的人脸识别方法,与传统的基于主分量分析(PCA)的特征脸方法相比,该方法的识别性能更好.PCA 只考虑了信号的二阶统计特性,分离出的各分量是互不相关的,而 ICA 考虑了信号的高阶统计特性,分离出的各分量是相互统计独立的.该方法将 ICA 的局部特征提取能力和 BP 神经网络的自适应能力有效地结合起来,从而大大提高了人脸的识别率.实验表明,该方法对于人脸表情丰富和干扰严重的情况具有良好的适应性,算法的鲁棒性很强.

(4) 将 ICA 用于图像处理中的多个方面,包括运动目标检测、数字图像水印的嵌入与检测以及自适应图像降噪等.首先,提出了一种新的基于小波域 FastICA 算法的运动目标检测方法,该方法的优点是可以检测出运动目标的运动轨迹,并且具有较强的抗背景光照变化的能力.其次,提出了一种基于 ICA 的图像小波域水印嵌入与检测方法,该方法的优点是无需知道原水印图像及其混入原始图像的强度,就可以有效地检测出嵌入的水印图像.该方法对尺寸缩放、图像滤波、JPEG 和 JPEG2000 有损压缩等攻击方式具有较强的免疫力.实验表明,该方法的水印检测性能优于传统的空域 ICA 图像水印嵌入方法.最后,提出了一种基于 ICA 的自适应图像降噪方法,该方法可以获得很高的峰值信噪比,适合处理图像受到同一噪声严重污染的情况.本文通过一系列实验证实了上述三种方法的有效性.

本论文对 ICA 方法的理论和应用进行了深入的研究,所提出的算法及其在图像处理中的应用研究具有一定的创新性,特别是对于 ICA 在图像处理中的应用研究,具有一定的参考价值和实际意义.

关键词: 独立分量分析,盲信号处理,图像处理,小波变换,自组织映射,BP 神经网络,非线性独立分量分析

Abstract

Independent Component Analysis (ICA) is a kind of powerful method for Blind Signal Processing (BSP). It becomes more and more important while using in widely fields, such as telecommunications, audio signal separation, biomedical signal processing, and image processing. Many literatures on ICA were published and lots of algorithms were proposed during the past ten years in a large number of journals and conference proceedings. ICA becomes one of the most exciting new topics both in the fields of signal processing and artificial neural networks.

In this thesis, the principle and algorithms of ICA are researched in detail. Some modified ICA algorithms by combining ICA with wavelet transform, Self-Organizing Maps (SOM) and BP neural network are proposed, such as ICA method based on wavelet transform, initialization method for post-nonlinear ICA based on SOM, and face recognition method based on ICA and modified BP neural network. Furthermore, the applications of ICA to image processing are discussed, including blind separation of images, feature extraction and pattern recognition, moving objects detection, digital image watermarking and adaptive noise cancelling of images.

The main achievements of this dissertation are put forward:

(i) A kind of new ICA method based on 2-dimensional wavelet transform is proposed. And this method is used to separate the mixed images. The precision of the Nature Gradient Algorithm (NGA) is discussed by using the error perturbation method. It can be proved that the steady-state error of NGA is inverse proportional to the quadratic of the kurtosis of the sources when the probability distribution function of each source is the same and the nonlinear function is a tanh function. Because the kurtosis of the detail subimages in wavelet domain is always bigger, the separation precision of the proposed method is higher. Furthermore, the size of the sub-image in wavelet domain is a quarter of the source image, so the convergence speed of our method is faster. In addition, the convergence of the FastICA method is analyzed. The conclusion is that the source signals' kurtosis has no effect on the convergence. Because the size of the sub-image in wavelet domain is a quarter of the source image, its convergence speed is faster too.

(ii) According to the drawbacks of the post-nonlinear ICA method based on SOM, an initialization method with global topology preservation property for SOM network is proposed. The initial weights nearly match with the joint probability distribution of the mixture signals. By using this method, the convergence speed of the SOM network is faster and the algorithm can escape from falling into the local minima more efficiently. Furthermore, when the mixed manner is nearly fixed, the order and the sign of the estimated sources are invariant. Thus the effect of indeterminacies in ICA problem is reduced. In order to verify the topology preservation property of our initialization method, a simple topographic function is proposed. The results of two kinds of simulation experiments show that the proposed method is effective.

(ⅲ) A kind of face recognition method based on ICA and modified BP neural network is proposed. The local feature extraction property of ICA and the adaptive capability of BP networks are combined effectively. Compared with traditional Eigenfaces method by Principle Component Analysis (PCA), the recognition performance of the proposed method is improved greatly. The experiments results show that this algorithm is very robust, especially for the faces database has greater changes in pose and expression.

(ⅳ) ICA method is used to moving objects detection, digital image watermarking, adaptive image denoising, and such problems in the field of image processing. Firstly, a kind of moving objects detection method based on wavelet domain FastICA algorithm is proposed. The track of the moving objects can be detected, and the proposed algorithm provides good resistance to the changes of the background illumination. Secondly, a new wavelet domain digital image watermarking method based on FastICA algorithm is proposed. Without requiring any information on the original watermark and its mixed strength, the proposed scheme can extract the watermark effectively. The proposed method can provide good resistance under most simple image processing attacks, such as scaling, filtering and compressing. Finally, a kind of adaptive image noise canceling method based on ICA is proposed. Experimental results show that the proposed method has higher PSNR and it suitable to recover the original image when it is polluted by the same noise seriously. Experimental results show that these three proposed methods are effective.

Key words: Independent Component Analysis (ICA), Blind Source Separation (BSS), image processing, wavelet transform, Self-Organizing Maps (SOM), BP neural network, nonlinear ICA

目　　录

第一章 绪 论

1.1 本论文的研究意义

本论文研究的独立分量分析（Independent Component Analysis，ICA）是盲信号处理（Blind Signal Processing，BSP）的一个重要分支.盲信号处理是二十世纪最后十年中迅速发展起来的一个研究领域，应用范围非常广泛，具有非常重要的实用价值，已经成为当今学术界的研究热点[1-5].它起源于著名的"鸡尾酒会问题"（Cocktail Party Problem）.在嘈杂的鸡尾酒会上，许多人在同时交谈，可能还有背景音乐，但人耳却能够准确而清晰地听到对方的话语.这种可以从混合声音中选择自己感兴趣的声音而忽略其他声音的现象称为"鸡尾酒会效应".

在盲信号处理中，所谓的"盲"是指信号的信息和传输信道的信息都是未知的.在信号处理领域，有许多实际应用需要利用盲信号处理技术来解决问题[6].例如，在生物医学中常用脑电图（EEG）对人的大脑思维活动进行检测和分析，脑电信号中往往含有心电、眼动伪迹和肌电等干扰信号，如何从复杂的脑电信号中提取出有用的信息就显得非常重要，而这些有用的信息事先是无法获得的[7-9].在通信系统中，信道畸变会导致码间干扰，必须设计能够补偿码间干扰的均衡器，这需要增加额外的校验信息，严重浪费了系统的资源，而基于盲信号处理的盲均衡技术无需校验信息，可以直接利用接受的未知信号来实现盲均衡[10-12].此外，在阵列信号处理[13-15]、语音信号处理[16-19]、图像信号处理[20-22]和水声信号处理[23]等方面，也都需要利用盲信号处理技术.

盲信号处理领域可以分成若干个相互关联而目标有所区别的子领域[2]，如盲源分离（Blind Source Separation，BSS）、盲解卷（Blind Deconvolution）和盲均衡（Blind Equalization）等. 此外，按照所取的假设条件和研究途径不同，可以分成独立分量分析（ICA）、因子分析（Factor Analysis，FA）和独立因子分析（Independent Factor Analysis，IFA）等若干课题.

很多参考文献往往将 ICA 等同于 BSS，事实上两者是有一定区别的，ICA 只是解决 BSS 的一种常用的方法. BSS 的主要任务就是在源信号和传输通道参数未知的情况下，根据输入源信号的统计特性，仅仅从观测到的混合信号中恢复出源信号. 在 BSS 的求解过程中常常假定源信号是相互统计独立的，因此分离出来的信号也要尽可能地相互独立. ICA 方法可以很好地解决 BSS 问题，从数学的角度来看，ICA 是一种对多变量数据的非正交的线性变换方法，其主要目的就是确定一个线性变换矩阵，使得变换后的输出分量尽可能统计上独立. 此外，ICA 可以看成是主分量分析（Principal Component Analysis，PCA）的一个推广[24—26]. PCA 只要求分解出来的各分量相互正交，即互不相关，它只考虑了信号的二阶统计特性；而 ICA 分解出来的各分量不仅互不相关，而且是统计独立的，它考虑了信号的高阶统计特性. 因此，ICA 具有更好的分离效果[1—4].

ICA 的研究涉及人工神经网络、统计信号处理和信息论的有关知识，受到这些领域研究学者的重视. ICA 具有重要的理论和应用价值，在无线通信、地震、声纳、语音处理、图像处理和生物医学等领域具有广泛而诱人的应用前景，在过去短短的十几年时间里，有关理论和算法研究都得到了较快的发展，包括问题本身的可解性以及求解原理等基本问题已经在一定程度上得到了解决，并提出了许多有效的算法[27—30]. 目前，ICA 已经成为国际上信号处理和人工神经网络等学科领域的一个研究热点，正发挥着越来越重要的作用，随着 ICA 同模糊系统理论、遗传算法等其他学科的有机结合，将具有更加广阔的应用前景[3].

本论文主要研究了 ICA 的基本理论及其在图像处理中的应用，将 ICA 方法和小波变换、自组织映射、BP 神经网络等方法结合起来，对现有的一些 ICA 方法进行了适当的改进，并将其用于图像盲分离、人脸自动识别、运动目标检测、图像水印的嵌入与检测和自适应图像降噪等应用之中.

1.2 ICA 的研究动态及其在图像处理中的应用

ICA 方法最早是由法国的 J. Herault 和 C. Jutten[31] 于八十年代中期提出来的，现在常称他们的方法为 H-J 算法，可以说是最经典的 ICA 算法之一. H-J 算法利用一个带反馈的人工神经网络，通过梯度下降法调整网络的权值，使得网络输出信号的残差最小，从而实现源信号的盲分离. 此后，不少学者对 H-J 算法的收敛特性进行了系统的研究，在只存在两个源信号和两个混合信号的最简单情况下的收敛性问题已经得到了完满的解决[32].

八十年代中后期，ICA 方法已经在法国研究者中很知名了，但是在国际上的影响却很小. 在国际神经网络会议上发表的少数几篇有关 ICA 的文献被当时非常流行的反向传播 BP(Back Propagation)算法、Hopfield 网络和 Kohonen 自组织映射网络 SOM(Self-Organizing Map)等方面的大量文献所淹没[4]. 1989 年，在首届高阶谱分析国际学术研讨会上，J. F. Cardoso[33] 和 P. Comon[34] 发表了 ICA 发展史上的早期论文. J. F. Cardoso 提出了基于高阶累积量的代数方法，该方法最终形成了著名的 JADE 算法[35]. P. Comon 后来比较系统地阐述了 ICA 的问题，并提出了独立分量分析的概念和著名的基于最小互信息的目标函数[36].

九十年代初期，一些学者延续了八十年代的研究工作，提出了许多不同的算法. 如 A. Cichoki 和 R. Unbehauen[37,38] 提出了至今仍非常流行的 ICA 算法，也有一些学者提出了非线性 PCA 的方法[25,39,40]，但总的来说影响都不大. 直到九十年代中期，A. J. Bell 和

T. J. Sejnowsky[41—43] 提出了基于信息最大化原理的 Infomax 方法，从此 ICA 得到了广泛的关注，并掀起了 ICA 的研究热潮. 随后，S. Amari[44—46] 和他的合作者用自然梯度(Natural Gradient)的概念对 Infomax 方法进行了更精确的表述. J. F. Cardoso[47] 独立地提出了与自然梯度算法相类似的相对梯度算法. 1997 年, A. Hyvärinen 和 E. Oja[48—50] 将不动点算法引入求解基于高斯矩的目标函数，提出了著名的定点算法(Fixed-point)，又称快速 ICA 算法(FastICA)，由于该算法在计算上的高效性，对扩大 ICA 方法的应用范围作出了很大的贡献[4]. T. W. Lee[51] 和他的合作者推广了 Infomax 算法，提出了可以分离亚高斯和超高斯混合信号的扩展 Infomax 算法. 从不同的出发点研究得出的不同 ICA 算法，经证明它们之间存在着紧密的联系. 如 J. F. Cardoso[52] 证明了 Infomax 方法与最大似然方法是等效的. J. Karhunen 和 E. Oja 提出的非线性 PCA 方法可以认为是信息最大化原理 Infomax[53,54].

自九十年代中期以来，涌现出了大量与 ICA 有关的文章、学术研讨会和国际专题会议等. 到目前为止，国际上已经成功举办了五次 ICA 和 BSS 的国际会议(International Conference on Independent Component Analysis and Blind Signal Separation)，1999 年 1 月 11 日～15 日在法国的 Aussois 召开了第一次会议，2000 年 6 月 19—22 日在芬兰的首都赫尔辛基(Helsinki)，2001 年 12 月 9 日～12 日在美国的圣地亚哥(San Diego)，2003 年 4 月 1 日～4 日在日本的奈良(Nara)，2004 年 9 月 22 日～24 日在西班牙的格拉纳达(Granada)分别召开了第二至第五次会议，第六次会议将于 2006 年 3 月在美国的佛罗里达(Florida)召开. 在最近几年的国际声学、语音和信号处理大会(IEEE International Conference on Acoustics, Speech, and Signal Processing, ICASSP)上，每次都有关于盲信号处理的专题. 目前发表有关文献较多的刊物有 IEEE Transaction on Neural Networks 和 Neural Computation，以及信号处理界的权威刊物 IEEE Transaction On Signal Processing 和 Signal Processing. 国外已出版的有关专著主

要有三本：美国 John Wiley & Sons 出版社出版的《Independent Component Analysis》[4] 和《Adaptive Blind Signal and Image Processing：Learning Algorithms and Applications》[55]，以及英国剑桥大学出版社出版的《Independent Component Analysis：Principles and Practice》[5].

目前，在国际上处于领先地位的研究机构和学者有：美国加州大学生物系计算神经生物学实验室的 T. J. Sejnowski，网址：http：//www. cnl. salk. edu；芬兰赫尔辛基工业大学计算机及信息科学实验室的 E. Oja，网址：http：//www. cis. hut. fi；日本 Riken 脑科学研究所脑信息研究室的 S. Amari，网址：http：//www. bip. riken. jp；法国学者 P. Comon，网址：http：//www. i3s. unice. fr/～comon/ 和 J. F. Cardoso，网址：http：//www. tsi. enst. fr/～cardoso 等.

国内关于盲信号分离问题的研究相对较晚，但在短短的时间里，对其理论和应用研究都取得了很大的进展[3]. 目前国内主要的研究机构有：复旦大学电子工程系智能与图像实验室，上海交通大学电子工程系，西安电子科技大学雷达信号处理重点实验室，东南大学无线电工程系，清华大学电机系，中国科技大学电子科学与技术系和西北工业大学航海工程学院等. 清华大学的张贤达[56]在其 1996 年出版的《时间序列分析——高阶统计量方法》一书中，介绍了有关盲分离的理论基础，并且给出了相关的算法，其后关于盲分离的研究才逐渐多起来[3]. 复旦大学的张立明和美国学者斯华龄[1]合作出版的《智能视觉图像处理——多通道图像的无监督学习方法及其他方法》一书详细介绍了多种 ICA 算法，并将 ICA 和图像处理结合起来，对于推动 ICA 在智能图像处理中的应用具有积极的意义. 国内有关 ICA 的综述性文献可参考文献[57—59]. 下面将国内发表的有关 ICA 的主要文献作一归纳和总结.

在算法研究方面：刘琚和何振亚等人提出了多种盲信号分离方法[60—64]，其中文献[60]将预白化和正交化合二为一，文献[61]将最大化信息传输和最小化输出互信息结合起来,文献[62,63]采用高阶累积量为目标函数,推导出求分离矩阵的算法,文献[64]对盲均衡进行了研究. 虞晓[65]在分析了最大熵算法和最小互信息算法的基础上,提出了一种利用反馈结构的输出信号概率密度函数估计的增强最大熵算法. 凌燮亭[66]利用反馈神经网络 Hebbian 学习算法,实现近场情况下一般信号的盲分离,并对算法的收敛性和稳定性进行了研究. 谭丽丽[67]提出了基于最小互信息的分离准则,采用随机梯度算法确定分离滤波器的系数,给出了卷积混迭信号的盲分离算法. 谢胜利[68]提出基于旋转变换的最小互信息算法,减少了盲分离的时间. 徐雷[69]提出基于贝叶斯阴阳理论的盲源分离算法. 杨俊安[70]对基于负熵最大化的 FastICA 算法进行了改进. 赵知劲[71]研究了接受信号维数大于源信号维数的盲分离,提出了一种基于广义特征函数的盲信号分离方法. 张洪渊[32]利用随机变量概率密度函数非参数估计的核函数法对混合信号的概率密度函数及其导数进行估计,提出了一种可以对超高斯和亚高斯混合信号进行盲分离的算法. 华容[72]采用遗传算法优化 HJNN 盲分离神经网络权值的初值,实现对过程信号的去噪. 倪晋平[73]提出了一种非线性 PCA 的复数信号盲分离算法.

在实际应用方面:主要研究集中在生物医学信号处理方面,例如,洪波[74]将 ICA 用于视觉诱发电位的少次提取与波形分析中. 周卫东[75]将 ICA 用于脑电中心电干扰的消除. 万柏坤[76]采用 ICA 方法去除脑电图中的眼动伪差和工频干扰. 张辉[77]采用基于扩展 Infomax 的 ICA 算法对脑电信号的伪差进行检测和分离. 李全政[78]将 ICA 用于胸阻抗信号中呼吸波的去除. 此外,还有人将 ICA 用于语音信号处理[79]、混沌信号分析[80]、地震信号处理[81]、水声信号处理[82]、雷达信号处理[83]和通信系统[64,84~86]等诸多方面.

本论文主要是研究 ICA 在图像处理中的应用,因此特别强调一下国内外关于 ICA 在图像处理方面的研究状况. A. Cichocki[87]和 A. J. Bell[88]是较早将盲源分离方法用于自然图像盲分离的学者之一.

H. Sahlin[89]提出了一种基于二维 FIR 滤波器的两个混合图像的盲分离方法. E. Oja[90]和 A. Hyvärinen[91]提出了基于 ICA 的图像特征提取和降噪方法. P. O. Hoyer[92,93]采用 ICA 方法提取彩色和立体图像的特征. L. K. Hansen[94]提出了含噪图像的盲分离方法. T. W. Lee[20,95]将 ICA 用于无监督的图像分类、图像分割和图像增强等方面. J. Miskin[96,97]提出了 ICA 的集成学习(Ensemble Learning)算法,并用于混合图像的盲分离和盲解卷以及红外图像处理. M. Bartlett[98,99]首先将 ICA 方法用于人脸识别和脸部动作分类,此后许多学者对基于 ICA 的人脸识别方法进行了改进[100—102]. K. Takaya[103]和 K. Y. Choi[104]采用 ICA 方法从视频序列中检测人脸图像. D. Yu[105,106]首先将 ICA 用于图像水印的嵌入和提取, F. J. Gonzalez-Serrano[107]和 S. Zhang[108]分别提出了不同的基于 ICA 的图像水印嵌入方法.

国内学者在这方面也进行了积极的探索,例如,杨俊安[109]提出了一种 ICA 和量子遗传算法相结合的图像分离方法. 吴小培[110]将 FastICA 方法用于图像盲分离. 丁佩律[111]提出了一种 ICA 和遗传算法相结合的人脸识别方法,许多学者推广了 ICA 在图像识别中的应用,如手势识别[112]和虹膜识别[113]等. 刘琚等[114,115]将 ICA 用于图像水印的嵌入与检测.

总之,ICA 方法正处在一个蓬勃发展的阶段,新方法、新用途层出不穷. 但在其理论研究方面还有很多问题没有得到完善,例如,含噪声的 ICA 如何解决,非平稳环境下的 ICA 如何处理,算法的全局收敛性问题,源的数目小于传感器的数目时如何求解,非线性 ICA 如何求解等[2—4]. 其应用方面还有很多地方可以拓展,特别是在图像处理领域,有必要进行更深入的研究和探讨.

1.3 本论文的主要工作和内容编排

本论文主要针对 ICA 方法在图像处理中的应用进行研究. 在讨

论了 ICA 的基本理论和常用方法的基础上,将 ICA 和小波变换、自组织映射(SOM)、BP 神经网络等方法结合起来,提出一些改进的算法. 本论文对非线性 ICA 问题也进行了初步的研究. 在应用方面将 ICA 用于图像处理中的多个方面,包括图像盲分离、人脸自动识别、运动目标检测、图像水印的嵌入与检测和自适应图像降噪等,并提出了一些改进的方法. 全文的章节安排如下:

第一章是绪论,简单介绍了对国内外 ICA 的研究历史和现状,以及 ICA 在图像处理方面的研究状况,并介绍了本论文的主要工作和章节安排.

第二章对 ICA 的基本理论进行了分析和总结,介绍了 ICA 的数学模型、预处理方法,以及常用的目标函数和学习算法. 并对自然梯度算法的性能进行了详细的分析,给出了算法的稳定条件、学习步长的选择方法和衡量算法分离性能的指标. 最后,通过仿真实验说明了白化预处理的意义,并对定点算法和自然梯度算法这两种学习算法的学习性能进行了比较.

第三章提出了基于二维小波变换的 ICA 方法,详细分析了小波域自然梯度算法和 FastICA 算法的收敛特性. 首先,采用误差扰动法从理论上证明:当源信号的概率密度相同且非线性函数为 tanh 函数时,自然梯度算法的稳态误差与源信号峭度的平方成反比. 由于小波域高频子图像的峭度要远大于原始图像,因此小波域自然梯度算法可以获得更高的分离精度. 接着,对小波域 FastICA 算法的收敛特性也进行了详细的分析,结论是该算法的收敛性能与源信号的峭度无关. 由于高频子图像的大小为原图的四分之一,计算量大大减少,因此上述两种小波域学习算法的收敛速度都会明显提高. 最后,给出了比较实验和结果.

第四章分析了基于自组织映射(SOM)的后非线性 ICA 方法的优缺点,针对其缺点提出了一种具有全局拓扑保持特性的 SOM 网络权值初始化方法. 该初始化方法不仅明显提高了 SOM 网络的收敛速度,而且可以有效地避免算法陷入局部极小. 同时,在混合方式基本相同的情况下,该初始化方法可使输出信号的次序和符号保持不变,减小了 ICA 问题中不确定性的影响. 为了衡量该初始化方法的拓扑保持特性,本章还提出了一个简单的拓扑度量函数. 最后,通过仿真实验证实该方法是有效的.

第五章提出了基于 ICA 和改进 BP 神经网络的人脸识别方法,该方法将 ICA 的局部特征提取能力和 BP 神经网络的自适应能力有效地结合起来,大大提高了人脸的识别率. 与基于 PCA 的特征脸方法相比,该方法的识别率更高. 实验结果表明,该方法对于人脸表情丰富和干扰严重的情况具有很好的适应性.

第六章讨论了 ICA 在图像处理中的应用,将 ICA 用于运动目标检测、数字图像水印的嵌入与检测以及自适应图像降噪等方面. 首先,提出了一种基于小波域 FastICA 算法的运动目标检测方法,该方法的优点是可以检测出运动目标的运动轨迹,且抗背景光照变化的能力较强. 其次,提出了一种基于 ICA 的图像小波域水印嵌入和检测方法,该方法的优点是可以在不知道原水印图像及其混入原始图像的强度时,有效地提取出嵌入的水印,算法的鲁棒性很强. 最后,提出了一种基于 ICA 的自适应图像降噪方法,该方法可以获得很高的峰值信噪比,在图像受到噪声严重污染时,借助参考噪声图像可以很好地恢复出原始图像.

第七章对本论文的工作进行了总结,并给出进一步研究的展望.

上述研究成果已经分别在《电子学报》、《电子与信息学报》、《计算机工程与应用》、《计算机工程》和《SPIE 国际会议》上发表或录用.

本论文的研究工作得到了国家自然科学基金项目(60472103)"基于 2 - D 系统理论的盲反卷积算法初值问题研究"和上海市科委重点学科建设项目(02DJ14033)的资助.

第二章 ICA 的理论分析和性能比较

本章介绍了线性 ICA 的数学模型、理论基础、一般的求解过程和几种典型的算法. 从理论上分析了最大化熵、最小互信息和最大似然估计这三种目标函数之间的等价性. 以最大对数似然估计目标函数为例, 推导了随机梯度算法和自然梯度法的迭代公式, 并比较了两者之间的关系. 介绍了几种典型的 ICA 算法, 分析了在线自适应自然梯度算法的稳定条件和步长因子的选择方法, 并给出了两种衡量 ICA 分离性能的指标. 最后, 通过两个仿真实验说明了白化处理的作用, 比较了定点算法和自然梯度算法的学习性能.

2.1 ICA 的数学模型及可解性分析

2.1.1 ICA 的基本模型

线性瞬时混合 ICA 的基本模型可以用图 2.1 来表示. 假设存在 N 个独立的源信号, 表示成矢量形式, $s(t) = [s_1(t), s_2(t), \cdots, s_N(t)]^T$, 其中, 上标 T 表示向量的转置, $t = 0, 1, 2, \cdots$, 以及 M 个观测信号 $x(t) = [x_1(t), x_2(t), \cdots, x_M(t)]^T$. 这 M 个观测信号是由 N 个源信号线性瞬时混合而成的, 即在每个时刻 t 都有如下关系式:

$$x_i(t) = \sum_{j=1}^{N} a_{ij} s_j(t), \; i = 1, 2, \cdots, M \tag{2.1}$$

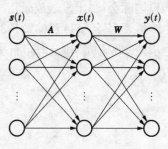

图 2.1 ICA 的模型

写成向量矩阵的形式：

$$x(t) = As(t) \qquad (2.2)$$

其中 A 是由混合系数 $\{a_{ij}\}$ 组成的混合矩阵，源信号 $s(t)$ 和混合矩阵 A 都是未知的，只有混合信号 $x(t)$ 可以观测到.

ICA 的目标就是求得一个分离矩阵 W，并通过 W 从观测信号 $x(t)$ 中恢复出源信号 $s(t)$.

设输出的分离信号为 $y(t) = [y_1(t), y_2(t), \cdots, y_M(t)]^T$，则分离过程为：

$$y(t) = Wx(t) = WAs(t) \qquad (2.3)$$

其中输出信号 $y(t)$ 是源信号 $s(t)$ 的一个估计，且 $y(t)$ 的各个分量尽可能地相互独立[4]. 通常只考虑源信号的个数和观测信号的个数相同的情况，即 $M = N$. 对于 $M > N$ 的情况，可以采用 PCA 方法去掉冗余分量，使得 $M = N$.

在后面的论述中，如不作特别说明，都假定 $M = N$，即源信号和混合信号的个数都是 M. 此外，为了便于表达，本论文采用如下统一的数学符号：标量用斜体字母表示，向量用小写的粗斜体字母表示，矩阵用大写的粗斜体字母表示，上标 T 表示向量或矩阵的转置.

2.1.2 ICA 的含噪模型

在现实情况中，观测信号中总会含有一定的噪声，假定噪声与源信号是相互独立的，且噪声为高斯白噪声，则 ICA 的含噪模型为：

$$x(t) = As(t) + n \qquad (2.4)$$

其中，$n = [n_1, n_2, \cdots, n_M]^T$ 是噪声信号构成的向量，其协方差矩阵为 $\sigma^2 I$，其中 σ 为噪声的方差，I 是单位矩阵.

如果将噪声信号当作一个独立的源信号，则上述含噪模型可以认为是观测信号个数小于源信号个数的情况，即 $M < N$. 这种情况又称为"欠定"(Under determined) ICA 问题[116,117]；与此相反，当 $M >$

N 时, 称为"超定"(Over determined)ICA 问题[117,118].

目前对含噪模型的研究不是很多, 这是一个很复杂但更具实际意义的研究课题. 本论文只考虑无噪模型, 即噪声很小可以忽略的情况.

2.1.3　ICA 的卷积模型

更为一般的情况是考虑延迟的线性混合, 又称卷积混合. 设 N 个离散时间 t 的序列构成一个 N 维的列向量序列 $s(t) = [s_1(t), s_2(t), \cdots, s_N(t)]^{\mathrm{T}}$, $t = \cdots, -1, 0, 1, \cdots$, M 维观察向量序列为 $x(t) = [x_1(t), x_2(t), \cdots, x_M(t)]^{\mathrm{T}}$, $x(t)$ 和 $s(t)$ 满足如下关系式:

$$x(t) = \sum_{k=-\infty}^{+\infty} A(k)s(t-k) \tag{2.5}$$

其中, $A(k)$ 是 $M \times N$ 维的混合矩阵, 又称冲激响应. 则盲反卷积的过程为:

$$y(t) = \sum_{k=-\infty}^{+\infty} W(k)x(t-k) \tag{2.6}$$

其中, $W(k)$ 为盲反卷积系数矩阵. 盲反卷积又称为盲均衡, 若 $N = 1$, 则为单道盲均衡问题; 若 $N > 1$, 则为多道盲均衡问题.

上述三种 ICA 模型都是线性混合的, 此外还有非线性混合的 ICA 模型, 本论文在第四章中将对此进行详细的研究, 非线性 ICA 的模型见 4.1.1 小节.

在 ICA 的模型建立之后, 自然而然地就会想到, 这个问题是不是可以求解? 或者说在什么条件下才有解? 以及求出的解在多大程度上逼近或恢复了源信号? 下面对这些问题作一简单的分析和解答[3].

2.1.4　ICA 的可解性分析

为简单起见, 只考虑无噪模型. 观察(2.1)式和(2.2)式, 可以看出方程的个数为 M, 远远小于未知数的个数 $(M+1)N$, 严格说来这个问题是无法求解的. 但是 ICA 是个非常复杂的问题,已经有人证明,在满足一定的假设条件下,可以通过某些特殊的方法求得该问题的一个解[119,120]. 这些假设条件是:

(1) 源信号 $s(t)$ 的各个分量在统计上是相互独立的;

(2) 混合矩阵 A 是列满秩的常数矩阵;

(3) 源信号是非高斯信号或最多只有一个是高斯信号.

条件(1)是解决 ICA 问题的关键,通常源信号都是从不同的物理系统产生的,因此该假设具有一定的现实意义. 条件(2)实际上是为了保证观测信号的个数不小于源信号的个数,且 ICA 模型是一线性时不变系统. 对于条件(3),如果源信号都是高斯分布的,则混合信号也是高斯分布的,可以证明这种情况是不可分离的,但如果只有一个高斯信号的话,ICA 问题也是可解的[4,28]. 在实际情况中,上述三个假设通常都是可以满足的.

事实上 ICA 的解不是唯一的,ICA 存在一个固有的解的不确定性问题[4,28],又称为解的等价性,即分离信号的排列次序和波形的复振幅(幅值和初始相位)是不确定的. 下面从数学的角度来说明这种不确定性.

考虑 $M = N$ 的情况,在(2.3)式中令 $B = WA$,显然当 $B = I$(单位矩阵)时,有 $y(t) = s(t)$,这是一个理想的情况. 而实际上,当 B 是一个广义置换矩阵(每一行和每一列都只有一个非零元素)时,我们也认为 ICA 分离成功,称混合矩阵 A 是可辨识的. 由矩阵理论可知,B 可以分解为:

$$B = WA = PD \tag{2.7}$$

其中,P 为置换矩阵(每一行和每一列都只有一个元素1),D 为对角矩阵(对角元素非0,其他元素为0). 将(2.7)式代入(2.3)式得:

$$y(t) = WAs(t) = PDs(t) \tag{2.8}$$

由上式可知,如果 $s(t)$ 的各个分量统计独立,则 $y(t)$ 的各个分量也相互独立. 从另一方面来说,如果分离矩阵 W 是 ICA 问题的一个解,则那么 PDW 也是 ICA 的一个解[2],其中,P 为置换矩阵(每行每列有且只有一个元素 1,其余为 0),D 为对角矩阵(对角元素都是 1,其余为 0).

从物理角度来看,由于源信号和混合矩阵都是未知的,次序不确定性相当于同时交换源信号和混合矩阵与之对应的列的位置后,所得到的观测信号不变;复振幅不确定性相当于源信号和与之对应的混合矩阵的列之间互换一个比例因子后,所得到的观测信号不变. 由于有用的信息主要包含在信号的波形中,所以这两种不确定性对盲源分离技术的应用影响不大[3].

一种减小 ICA 幅度不确定性影响的方法是假定源信号 $s(t)$ 的各个分量具有单位方差[6],即:

$$E\{s(t)s^{\mathrm{T}}(t)\} = I \qquad (2.9)$$

则当观测信号 $x(t)$ 确定后,混合矩阵 A 的系数的大小固定(列的排列次序仍未确定). 同样,假设输出信号 $y(t)$ 的各个分量的方差也是 1,即:

$$E\{y(t)y^{\mathrm{T}}(t)\} = I \qquad (2.10)$$

则分离矩阵 W 的系数的大小也已固定. 在后面的讨论中,如不特别说明,都假定源信号具有单位方差,并对输出信号进行归一化处理,使其方差为 1.

为了书写方便,在后面的章节中省略时间变量 t.

2.1.5 ICA 的独立性度量

综上所述,如果能够找到分离矩阵 W 使得输出 $y = Wx$ 的各个分量之间相互独立(即两两独立),则 y 就是源信号 x 的恢复,此时 $B = WA$ 是一个广义置换矩阵(每行每列有且只有一个元素非 0,其余为 0).

那么如何来度量 y 的各个分量之间是相互独立的呢? 首先给出

两个随机变量独立性的定义,设 y_1 和 y_2 的联合概率密度为 $p_{y_1,y_2}(y_1,y_2)$,边缘概率密度分别为 $p_{y_1}(y_1)$ 和 $p_{y_2}(y_2)$,如果下式成立:

$$p_{y_1,y_2}(y_1,y_2) = p_{y_1}(y_1)p_{y_2}(y_2) \qquad (2.11a)$$

则称 y_1 和 y_2 相互独立. 推广到 $\boldsymbol{y} = [y_1, y_2, \cdots, y_M]^T$ 的随机矢量情况,如果有:

$$p_{\boldsymbol{y}}(\boldsymbol{y}) = p_{y_1}(y_1)p_{y_2}(y_2)\cdots p_{y_M}(y_M) = \prod_{i=1}^{M} p_{y_i}(y_i) \quad (2.11b)$$

则称 $\boldsymbol{y}$ 的各个分量之间相互独立.

下面讨论统计独立和不相关的关系,仍以两个独立的随机变量 y_1 和 y_2 为例,设 $g_1(\cdot)$ 和 $g_2(\cdot)$ 是任意给定的两个函数,可以证明:

$$E\{g_1(y_1)g_2(y_2)\} = E\{g_1(y_1)\}E\{g_2(y_2)\} \qquad (2.12)$$

如果取 $g_1(y_1) = y_1$,$g_2(y_2) = y_2$,则(2.12)式变为:

$$E\{y_1 y_2\} = E\{y_1\}E\{y_2\} \qquad (2.13)$$

即 y_1 和 y_2 的协方差 $C_{y_1 y_2} = E\{y_1 y_2\} - E\{y_1\}E\{y_2\} = 0$,那么 y_1 和 y_2 不相关. 由此可见,统计独立包含着不相关,不相关是统计独立的前提,是统计独立要求的较弱形式. 换而言之,如果统计独立则一定不相关;反之,不相关则不一定统计独立. 只有当 y_1 和 y_2 都有高斯分布时,统计独立和不相关才是等价的. 可以证明,两个独立的高斯随机变量 y_1 和 y_2 的正交线性变换的分布与 y_1 和 y_2 的分布完全相同,因此多个高斯随机变量的混合矩阵 $\boldsymbol{A}$ 是不可辨识的[28].

由于随机变量的概率密度通常都是未知的,因此无法直接采用 (2.11b)式来衡量它们之间的独立性. 由概率论中的中心极限定理可知,在一定的条件下,多个随机变量之和的分布逼近高斯分布. 换而言之,多个随机变量之和比其中任何一个变量具有更强的高斯性. 考虑到 $\boldsymbol{y} = \boldsymbol{Wx} = \boldsymbol{WAs}$ 是 $\boldsymbol{s}$ 的线性组合,所以 $\boldsymbol{y}$ 的高斯性更强,只有当

$WA = I$ 时,$y = x$ 的高斯性最弱,即非高斯性最强. 因此,可以通过最大化 y 的非高斯性来衡量 y 各分量之间的独立性[4,28].

2.2 ICA 的一般求解过程

ICA 实际上是一个优化问题,通常可以分三步来实现. 第一步:白化预处理(Whitening),通常采用主分量分析(PCA)方法去除信号之间的相关性;第二步:确立一个目标函数,通常是以分离矩阵 W 为因变量的目标函数 $L(W)$,它反映了输出随机矢量 y 的各个分量之间的独立性;第三步:选择一个学习算法来优化目标函数,如自然梯度算法和定点算法等. ICA 算法的一些统计特性,如一致性、鲁棒性等依赖于目标函数的选择,而其收敛性、存储器要求和稳定性则依赖于学习算法的选择[6].

下面详细地介绍一般 ICA 方法的求解过程,包括白化预处理、目标函数和学习算法三个步骤. 第一小节分析了白化处理的作用,并给出了两种常用的白化处理方法;第二小节介绍了四种常用的目标函数:高阶累积量、最大化负熵、最小化互信息和最大似然估计,并分析了最大化负熵、最小化互信息和最大似然估计这三种目标函数之间的等价性;第三小节以最大对数似然估计目标函数为例,推导了随机梯度算法和自然梯度算法这两种学习算法的迭代公式,并讨论了两者之间的关系.

2.2.1 白化预处理

研究表明,对原始观测信号进行白化处理可以简化 ICA 问题的难度,比如加快收敛速度,减少稳态误差等[4]. 大部分 ICA 算法都是先白化再分离,一些算法虽然不一定要白化处理就可以直接求解,但是采用白化处理后,可以使得分离更加容易,即使在个别信号很弱或混合矩阵近似奇异时也可以求解[23].

白化处理通常是寻找一个线性白化矩阵 V,使得变换后的输出

信号 $z = Vx$ 的各个分量互不相关(即 z 的行向量相互正交),则 z 的协方差矩阵为单位矩阵:

$$C_z = E\{zz^{\mathrm{T}}\} = I \qquad (2.14)$$

将(2.2)式代入 $z = Vx$,并令 $VA = \tilde{A}$,得:

$$z = VAs = \tilde{A}s \qquad (2.15)$$

将(2.15)式代入(2.14)式,并考虑(2.9)式,得:

$$C_z = E\{zz^{\mathrm{T}}\} = E\{\tilde{A}ss^{\mathrm{T}}\tilde{A}^{\mathrm{T}}\} = \tilde{A}E\{ss^{\mathrm{T}}\}\tilde{A}^{\mathrm{T}} = \tilde{A}\,\tilde{A}^{\mathrm{T}} = I$$
$$(2.16)$$

所以矩阵 $\tilde{A}$ 是一个正交矩阵(酉矩阵),如果将 $z(t)$ 看成新的观测信号向量,那么白化处理使得原来的混合矩阵 A 简化为一个新的正交矩阵 $\tilde{A}$. 为了求混合矩阵 A 需要确定 M^2 个参数,白化处理后只需求正交矩阵 $\tilde{A}$,而正交矩阵只有 $M(M-1)/2$ 个自由度. 例如,对于两个随机变量的情况,即 $M = 2$,只需改变一个角度参数就可以实现输出分量相互独立. 对于多维情况,差不多只要确定原来的一半参数即可. 因此,可以说白化处理几乎解决了 ICA 问题的一半[4]. 由于白化处理的算法非常简单,所以常作为预处理来降低 ICA 问题的复杂度.

常用的白化方法是采用主分量分析(PCA)方法,通过对 $x(t)$ 的协方差矩阵的特征值分解(EVD)来实现.

$$C_x = E\{xx^{\mathrm{T}}\} = EDE^{\mathrm{T}} \qquad (2.17)$$

其中 E 是由 C_x 的特征向量组成的正交矩阵,$E^{\mathrm{T}}E = EE^{\mathrm{T}} = I$,$D$ 是由相应的特征值组成的对角阵,$D = \mathrm{diag}(d_1, d_2, \cdots, d_M)$,则白化矩阵 V 为:

$$V = D^{-1/2}E^{\mathrm{T}} \qquad (2.18)$$

将(2.17)式和(2.18)式代入(2.14)式进行验证,得:

$$C_z = E\{zz^T\} = VE\{xx^T\}V^T = D^{-1/2}E^T EDE^T ED^{-1/2}$$

$$= D^{-1/2}DD^{-1/2} = I \tag{2.19}$$

即 z 的协方差矩阵为单位矩阵,满足白化条件(2.14)式.

可以证明,如果 U 是任一正交矩阵,则 UV 也是一个白化矩阵(其中 V 为原白化矩阵 $V = D^{-1/2}E^T$). 因为将 $z = UVx$ 代入 C_z 得:

$$C_z = E\{zz^T\} = UVE\{xx^T\}V^TU^T = UIU^T = I \tag{2.20}$$

特别是当 $U = E$ (其中 E 为 C_x 的特征向量组成的正交矩阵)时,得到新的白化矩阵 $V = ED^{-1/2}E^T$,该矩阵是 C_x 的负均方根矩阵,即 $C_x^{-1/2}$.

上述方法需要求矩阵 C_x 的特征值和特征向量,当矩阵的维数较大时,计算量较大. 此时可采用一种基于梯度下降原理的迭代法来求白化矩阵[4]:

$$V(k+1) = V(k) + \mu(k)[I - z(k)z^T(k)]V(k) \tag{2.21}$$

其中 $z(k) = V(k)x(k)$,k 为迭代次数. 经过迭代运算,当 $V(k)$ 的改变量为 0 时,有 $E\{z(k)z^T(k)\} = I$,此时的 $V(k)$ 就是所求的白化矩阵.

2.2.2 目标函数的选择及等价性证明

ICA 的分离过程是通过最优化一个目标函数(又称代价函数或判据)来实现的. 常用的目标函数有高阶累积量、负熵、互信息和最大似然估计等. 下面依次介绍,并推导负熵、互信息和最大似然估计这三种目标函数之间的等价性关系.

(1) 高阶累积量(Cumulant)

高阶累积量的定义:设随机变量 y 的概率密度函数是 $p(y)$,则 y 的特征函数 $\phi(\omega)$ 为:

$$\phi(\omega) = E\{e^{j\omega y}\} = \int_{-\infty}^{+\infty} p(y)e^{j\omega y}dy \tag{2.22}$$

将特征函数取对数,定义累积量生成函数,即:

$$\psi(\omega) = \ln(\phi(\mathrm{j}\omega)) \tag{2.23}$$

将 $\psi(\omega)$ 按泰勒级数展开,得:

$$\psi(\omega) = \psi(0) + \sum_{k=1}^{\infty} \frac{\psi^{(k)}(0)}{k!}\omega^k = \sum_{k=1}^{\infty} \frac{c_k}{k!}(\mathrm{j}\omega)^k \tag{2.24}$$

其中,c_k 称为 y 的 k 阶累积量:

$$c_k = \frac{\psi^{(k)}(0)}{\mathrm{j}^k} = \frac{1}{\mathrm{j}^k} \frac{\mathrm{d}^k}{\mathrm{d}\omega^k}[\ln(\phi(\omega))]_{\omega=0} \tag{2.25}$$

高斯随机变量的二阶以上的累积量为 0,如果某个随机变量与高斯随机变量具有相同的二阶矩,则累积量就是它们高阶矩的差值,也就是说累积量可以用来衡量随机变量与高斯分布的偏离程度. 累积量的物理意义[3]:一阶累积量是随机变量的数学期望,大致描述了概率分布的中心. 如果随机变量的均值为0,则二阶累积量是方差,反映了随机变量概率分布的离散程度;三阶累积量是三阶中心矩,描述的是概率分布的非对称性(偏度);四阶累积量是 $c_4 = m_4 - 3m_2^2$,描述的是概率密度函数同高斯分布的偏离程度,其中 m_n 为 n 阶中心矩. 四阶累积量又称为峭度(Kurtosis),也译作峰度,用函数 kurt(·)表示.

当随机变量 y 的峭度等于 0 时,该随机变量的概率密度函数呈高斯分布;当随机变量 y 的峭度大于 0 时,该随机变量的概率密度函数有一个尖锐的峰和一个长长的尾巴,这类分布称为超高斯分布(Super-gaussian);当随机变量 y 的峭度小于 0 时,该随机变量的概率密度函数相对较为平坦,这类分布称为亚高斯分布(Sub-gaussian). 因此,峭度可以作为非高斯性的度量[4].

(2) 负熵(Negentropy)

负熵的概念是从信息论中熵的概念引申出来的,负熵也是衡量非高斯性的一个重要方法. 在介绍负熵之前,先回顾一下熵和微分熵的概念.

熵（Entropy）是信息论中常用的术语. 假设有离散的随机变量 y，其概率空间熵即为信源的平均自信息量，其定义为：

$$H(y) = -\sum_i P(y_i) \log P(y_i) \qquad (2.26)$$

其中，y_i 是 y 所有可能的取值，$P(y_i)$ 为 y 取 y_i 的概率，且所有 $P(y_i)$ 的和为 1.

将上述定义推广到连续随机变量，得到微分熵（Differential Entropy）. 连续随机变量 y 的概率密度函数为 $p_y(y)$，其微分熵的定义为：

$$H(y) = -\int p_y(y) \log p_y(y) \mathrm{d}y \qquad (2.27a)$$

微分熵可以用来度量随机变量 y 中包含信息量的多少. 对于多维随机向量 $\boldsymbol{y} = [y_1, y_2, \cdots, y_M]^\mathrm{T}$，其联合微分熵的定义为：

$$H(\boldsymbol{y}) = -\int p_y(\boldsymbol{y}) \log p_y(\boldsymbol{y}) \mathrm{d}y \qquad (2.27b)$$

如果向量 $\boldsymbol{y}$ 的各个分量相互统计独立，则联合微分熵等于各个边缘熵之和：

$$H(\boldsymbol{y}) = \sum_{i=1}^{M} H(y_i) \qquad (2.28)$$

由随机过程理论可知，在信号的平均功率受限时，具有高斯分布的信号的熵最大，为了描述同高斯信号有相同功率的非高斯信号的熵，定义负熵：

$$J(y) = H(y_{\text{gauss}}) - H(y) \qquad (2.29)$$

其中，y_{gauss} 是具有与 y 相同方差的高斯随机变量. 负熵表示两个具有相同方差的随机变量的微分熵的差值，其特点是对 y 的线性变换保持不变，而且总是非负的，只有当 y 是高斯分布时才为零. 负熵的最大化相当于 y 的微分熵是最远离高斯分布的微分熵，所以可以用来作为随机变量非高斯性的度量.

由于源信号和观测信号的概率密度函数往往是未知的,所以在实际使用过程中,常利用累积量去近似这些函数[1]. 例如,采用 Gram-Charlier 展开时有:

$$p(y) \approx \alpha(y)\left[1 + \frac{c_3}{3!}H_3(y) + \frac{c_4}{4!}H_4(y)\right] \quad (2.30)$$

其中 $\alpha(y)$ 是标准的高斯分布,$c_3 = m_3$ 和 $c_4 = m_4 - 3$ 分别是 y 的三阶和四阶累积量,$H_k(y)$ 是 n 阶 Hermite 多项式,其定义为标准高斯分布的概率密度函数的导数:

$$(-1)^k \frac{\partial^k \alpha(y)}{\partial y^k} = H_k(y)\alpha(y) \quad (2.31)$$

可以导出:

$$H_0(y) = 1, \ H_1(y) = y, \ H_2(y) = y^2 - 1, \cdots,$$
$$H_{k+1}(y) = yH_k(y) - kH_{k-1}(y) \quad (2.32)$$

将(2.30)式分别代入(2.27a)式和(2.29)式,并利用 $\log(1+\varepsilon) = \varepsilon - \varepsilon^2/2 + o(\varepsilon^3)$ 展开式,得到微分熵和负熵的近似表达式为:

$$H(y) \approx \frac{1}{2}\log(2\pi e) - \frac{(c_3)^2}{2 \cdot 3!} - \frac{(c_4)^2}{2 \cdot 4!} \quad (2.33a)$$

$$J(y) = H(y_{\text{gauss}}) - H(y) \approx \frac{1}{12}E\{y^3\}^2 + \frac{1}{48}\text{kurt}(y)^2 \quad (2.33b)$$

这样,微分熵和负熵都可以用随机变量的高阶累积量来近似[1].

(3) 互信息(Mutual Information)

互信息是度量随机变量之间独立性的基本准则,也是 ICA 问题的一个重要目标函数. 两个随机变量 x 和 y 的互信息定义为:

$$I(x \mid y) = H(x) - H(x \mid y) = H(x) + H(y) - H(x, y)$$

$$(2.34)$$

其中，$H(x, y)$ 是 x, y 的联合熵，$H(x \mid y)$ 是给定 y 时 x 的条件熵. 根据微分熵的定义和边缘概率与联合概率的关系，上式可改写为：

$$I(x \mid y) = \iint p_{x, y}(x, y) \log \frac{p_{x, y}(x, y)}{p_x(x) p_y(y)} \mathrm{d}x \mathrm{d}y \qquad (2.35)$$

为了进一步理解互信息的内涵，下面介绍信息论中的一个非常重要的概念：KL 散度(Kullback-Leibler Divergence)，它用来测量两个概率密度函数的接近程度(反之为偏离程度). 两个概率分布 $p_1(x)$ 和 $p_2(x)$ 之间的 KL 散度定义为[1,2]：

$$\mathrm{KL}[p_1(x) \mid p_2(x)] = \int p_1(x) \log \frac{p_1(x)}{p_2(x)} \mathrm{d}x \qquad (2.36)$$

可以证明，$\mathrm{KL}[p_1(x) \mid p_2(x)] \geqslant 0$，当且仅当 $p_1(x) = p_2(x)$ 时等号成立.

比较(2.35)式和(2.36)式可以看出，互信息等于联合概率密度函数和两个边缘概率密度函数乘积的 KL 散度，即：

$$I(x \mid y) = \mathrm{KL}[p_{x, y}(x, y) \mid p_x(x) p_y(y)] \qquad (2.37a)$$

推广到单个多维矢量 $\boldsymbol{y}(t) = [y_1, y_2, \cdots, y_M]^\mathrm{T}$，其各个分量之间的互信息为：

$$I(\boldsymbol{y}) = \mathrm{KL}\Big[p_{\boldsymbol{y}}(\boldsymbol{y}) \mid \prod_{i=1}^{M} p_{y_i}(y_i)\Big] = \int p_{\boldsymbol{y}}(\boldsymbol{y}) \log \frac{p_{\boldsymbol{y}}(\boldsymbol{y})}{\prod\limits_{i=1}^{M} p_{y_i}(y_i)} \mathrm{d}\boldsymbol{y}$$

$$(2.37b)$$

将上式右边展开，得：

$$I(\boldsymbol{y}) = \sum_{i=1}^{M} H(y_i) - H(\boldsymbol{y}) \tag{2.38}$$

由此可见，$I(\boldsymbol{y}) = 0$，$p_y(\boldsymbol{y}) = \prod_{i=1}^{M} p_{y_i}(y_i)$，$H(\boldsymbol{y}) = \sum_{i=1}^{M} H(y_i)$ 和 $\boldsymbol{y}$ 的各个分量相互独立，这四种表述是等价的[2]. ICA 的目的就是通过变换，使得 $\boldsymbol{y}$ 的各个分量相互独立来实现源信号的分离，因此互信息 $I(\boldsymbol{y})$ 可以作为一种目标函数.

(4) 最大似然估计（Maximum Likelihood Estimation）

最大似然估计方法是利用已经获得的观测样本来估计样本的真实概率密度的方法. 在 ICA 问题中，唯一知道的是观测信号，因此最大似然估计是一个比较自然的选择. Girolami 和 Fyfe 首先提出最大似然估计的盲分离方法[121]，而后 Pearlmutter[122] 从最大似然估计目标函数推导出通用的 ICA 学习规则. 目前，最大似然估计算法是解决 ICA 问题的一个非常普遍的方法.

由 2.1.4 小节的分析可知，如能求出分离矩阵 $\boldsymbol{W}$ 使得 $\boldsymbol{WA} = \boldsymbol{I}$，则可完全恢复出源信号（不考虑不确定性的影响），此时 $\boldsymbol{y} = \boldsymbol{Wx} = \boldsymbol{WAs} = \boldsymbol{s}$. 可以导出观测信号 $\boldsymbol{x}$ 的概率密度函数 $p_x(\boldsymbol{x})$ 与源信号的概率密度函数 $p_s(\boldsymbol{s})$ 满足如下关系：

$$p_x(\boldsymbol{x}) = |\det \boldsymbol{W}| \, p_s(\boldsymbol{s})\,|_{\boldsymbol{s}=\boldsymbol{Wx}} = |\det \boldsymbol{W}| \, p_s(\boldsymbol{Wx}) \tag{2.39}$$

观测信号的对数似然函数定义为：

$$L_{\mathrm{ML}} = E\{\log p_x(\boldsymbol{x})\} = \int p_x(\boldsymbol{x}) \log p_s(\boldsymbol{Wx}) \mathrm{d}\boldsymbol{x} + \log |\det \boldsymbol{W}| \tag{2.40}$$

当观测样本个数有限时，上式可近似为：

$$L_{\mathrm{ML}} \approx \frac{1}{T} \sum_{t=1}^{T} \{\log p_s(\boldsymbol{Wx})\} + \log |\det \boldsymbol{W}| \tag{2.41}$$

通过最大化对数似然函数 L_{ML} 可以得到参数 $\boldsymbol{W}$ 的最佳估计. 该

方法的缺点是需要知道源信号的概率分布函数这一先验知识. 这个条件通常很难满足,常用的解决方法是对源信号的概率密度进行假设或估计. 但是,如果估计不准确的话,将会严重影响 ICA 分离的正确性[3].

(5) 目标函数的等价性

理论研究表明,上文提到的三种目标函数:最大化负熵,最小化互信息和最大似然估计在信息理论角度下是统一的,或者说它们在一定条件下是等价的.

首先讨论最大化负熵和最小化互信息之间的关系. 结合(2.38)式和负熵的定义(2.29)式,推导互信息和负熵之间的关系[4]:

$$I(\boldsymbol{y}) = \sum_{i=1}^{M} H(y_i) - H(\boldsymbol{y})$$

$$= \sum_{i=1}^{M} \big[H(y_{\text{gauss}_i}) - J(y_i) \big] - \big[H(y_{\text{gauss}}) - J(\boldsymbol{y}) \big]$$

$$= J(\boldsymbol{y}) - \sum_{i=1}^{M} J(y_i) + \frac{1}{2} \log \frac{\prod_{i=1}^{N} E\{y_i^2\}}{\det(E\{\boldsymbol{y}\boldsymbol{y}^{\mathrm{T}}\})} \qquad (2.42)$$

可以看出,上式右边第三项是一个常数项,特别是当 $\boldsymbol{y}$ 的各个分量不相关时,有 $\prod_{i=1}^{N} E\{y_i^2\} = \det(E\{\boldsymbol{y}\boldsymbol{y}^{\mathrm{T}}\})$,代入(2.42)式得:

$$I(\boldsymbol{y}) = J(\boldsymbol{y}) - \sum_{i=1}^{M} J(y_i) \qquad (2.43)$$

因此,最小化 $\boldsymbol{y}$ 各个分量的互信息等价于最大化 $\boldsymbol{y}$ 各个分量的负熵的和.

其次,最大似然估计和最小化互信息之间也存在着内在的联系. 将 $\boldsymbol{y} = \boldsymbol{W}\boldsymbol{x}$ 代入(2.40)式,并考虑公式 $p_y(\boldsymbol{y}) = \frac{1}{|\det \boldsymbol{W}|} p_x(\boldsymbol{x})$,得:

$$L_{\mathrm{ML}} = \int p_x(\boldsymbol{x}) \log p_s(\boldsymbol{Wx}) \mathrm{d}\boldsymbol{x} + \log |\det \boldsymbol{W}|$$

$$= \int \left[\log p_s(\boldsymbol{y}) + \log |\det \boldsymbol{W}| - \log p_x(\boldsymbol{x}) \right] p_x(\boldsymbol{x}) \mathrm{d}\boldsymbol{x} +$$

$$\int p_x(\boldsymbol{x}) \log p_x(\boldsymbol{x}) \mathrm{d}x$$

$$= -\int p_x(\boldsymbol{x}) \log \frac{p_y(\boldsymbol{y})}{p_s(\boldsymbol{y})} \mathrm{d}x - H(\boldsymbol{x})$$

$$= -\int p_y(\boldsymbol{y}) \log \frac{p_y(\boldsymbol{y})}{p_s(\boldsymbol{y})} \mathrm{d}y - H(\boldsymbol{x})$$

$$= -\mathrm{KL}[p_y(\boldsymbol{y}) \mid p_s(\boldsymbol{y})] - H(\boldsymbol{x}) \qquad (2.44)$$

因此可见,似然函数的相反数等于输出信号 $\boldsymbol{y}$ 的概率密度函数 $p_y(\boldsymbol{y})$ 和真实源 $\boldsymbol{s}$ 的概率密度函数 $p_s(\boldsymbol{y})$ 的 KL 散度与观测信号 $\boldsymbol{x}$ 的微分熵的和. 由于观测信号的熵 $H(\boldsymbol{x})$ 与参数 $\boldsymbol{W}$ 无关,因此最大化似然函数等价于最小化 $p_y(\boldsymbol{y})$ 和 $p_s(\boldsymbol{y})$ 之间的 KL 散度. 由 KL 散度的定义,并考虑源信号 $\boldsymbol{s}$ 统计独立的假设,则有:

$$\mathrm{KL}[p_y(\boldsymbol{y}) \mid p_s(\boldsymbol{y})] = \int p_y(\boldsymbol{y}) \log \frac{p_y(\boldsymbol{y})}{\prod\limits_{i=1}^{M} p_{y_i}(y_i)} \mathrm{d}\boldsymbol{y} +$$

$$\int p_y(\boldsymbol{y}) \log \frac{\prod\limits_{i=1}^{M} p_{y_i}(y_i)}{p_s(\boldsymbol{y})} \mathrm{d}\boldsymbol{y}$$

$$= I(\boldsymbol{y}) + \int p_y(\boldsymbol{y}) \log \frac{\prod\limits_{i=1}^{M} p_{y_i}(y_i)}{\prod\limits_{i=1}^{M} p_{s_i}(y_i)} \mathrm{d}\boldsymbol{y} \qquad (2.45)$$

因此,当输出信号 $\boldsymbol{y}$ 的各个分量的边缘概率密度函数等于单个源的概率密度函数时,上式右边第二项为零,此时最大化对数似然函数 L_{ML} 等价于最小化互信息 $I(y)$. 加上前面推导出最小化互信息等价于最大化负熵,因此最大似然估计与最大化负熵在一定条件下也是等价的.

综上所述,从信息论的角度来看,上述三种目标函数在本质上是相同的[3].

2.2.3 学习算法的选择及迭代公式的推导

在确立了目标函数之后,需要选择一种学习算法(又称优化算法),通过迭代计算使得目标函数达到最大值或最小值. 常用的学习算法有随机梯度法(又称最陡梯度下降法)和自然梯度法(与相对梯度法等价). 此外还有定点算法,其详细分析请参考 2.3.4 小节.

由前一小节分析可知,最大化负熵、最小化互信息和最大似然估计的目标函数是等价的. 为此,我们以最大对数似然目标函数为例,推导最陡梯度下降法和自然梯度法的迭代公式,其余两个目标函数的推导过程与此类似,本文不再赘述.

(1) 随机梯度算法(Stochastic Gradient)

随机梯度算法是求目标函数 $L(W)$ 的最小值(或最大值)的一个经典方法,其基本思路是先确定分离矩阵 W 的一个初始值 $W(0)$,计算出目标函数 $L(W)$ 在 $W(0)$ 处的梯度,然后在负梯度方向(求最大值时取正梯度方向)上移动一个适当的步长得到新的分离矩阵 $W(1)$,重复上述过程就可以得到求 W 的迭代公式:

$$W(k+1) = W(k) + \alpha(k) \frac{\partial L(W)}{\partial W} |_{W=W(k)} \tag{2.46}$$

其中,k 为迭代步数,$\alpha(k)$ 为步长,或称为学习率. 令 $W(k+1) - W(k) = \Delta W$,如不强调迭代步数 k,则(2.46)式可改写为:

$$\Delta W = \alpha \frac{\partial L(W)}{\partial W} \tag{2.47}$$

这是梯度下降法的一个通用的迭代公式,对于不同的目标函数可以获得不同的迭代公式.下面以最大对数似然目标函数为例,推导随机梯度算法的迭代公式[6].

将 $y = Wx$ 代入(2.40)式得:

$$L_{ML} = \int p_x(x) \log p_s(y) dx + \log |\det W| \qquad (2.48)$$

先求右边第一项对 W 的元素 w_{ij} 的偏导数:

$$\frac{\partial \int p_x(x) \log p_s(y) dx}{\partial w_{ij}} = \int p_x(x) \frac{\partial \log p_s(y) dx}{\partial w_{ij}}$$

$$= \int p_x(x) \frac{p_s'(y)}{p_s(y)} \cdot \frac{\partial y}{\partial w_{ij}} dx \qquad (2.49)$$

其中运算符(·)表示两个向量的点积. 定义非线性函数 $\varphi_i(x) = -p_{s_i}'(x)/p_{s_i}(x)$,则非线性函数的向量形式为 $\varphi(x) = [\varphi_1(x_1), \varphi_2(x_2), \cdots, \varphi_M(x_M)]^T$.

由矩阵的梯度公式可知:

$$\frac{\partial y}{\partial W} = \frac{\partial(Wx)}{\partial W} = x^T \qquad (2.50)$$

上式代入(2.49)式,并写成对矩阵 W 求导的形式:

$$\frac{\partial \int p_x(x) \log p_s(y) dx}{\partial W} = -\int \varphi(y) x^T p_x(x) dx = -E\{\varphi(y) x^T\}$$

$$(2.51)$$

由行列式的梯度公式可知: $\frac{\partial \log |\det W|}{\partial W} = W^{-T}$,结合(2.51)式可得目标函数 L_{ML} 对分离矩阵 W 的梯度为:

$$\frac{\partial L_{\mathrm{ML}}}{\partial \boldsymbol{W}} = \boldsymbol{W}^{-\mathrm{T}} - E\{\varphi(\boldsymbol{y})\boldsymbol{x}^{\mathrm{T}}\} \tag{2.52}$$

上式代入(2.46)式就可以得到求分离矩阵 $\boldsymbol{W}$ 的迭代公式:

$$\boldsymbol{W}(k+1) = \boldsymbol{W}(k) + \alpha(k)[\boldsymbol{W}^{-\mathrm{T}}(k) - E\{\varphi(\boldsymbol{y})\boldsymbol{x}^{\mathrm{T}}\}] \tag{2.53a}$$

上式是随机梯度算法的离线批处理迭代公式,如果将期望 $E\{\varphi(\boldsymbol{y})\boldsymbol{x}^{\mathrm{T}}\}$ 用瞬时值来代替,就可以得到梯度算法的在线自适应迭代公式[2]:

$$\boldsymbol{W}(k+1) = \boldsymbol{W}(k) + \alpha(k)[\boldsymbol{W}^{-\mathrm{T}}(k) - \varphi(\boldsymbol{y})\boldsymbol{x}^{\mathrm{T}}] \tag{2.53b}$$

其中非线性函数 $\varphi(\boldsymbol{y})$ 与源信号的概率密度函数有关,但实际上源信号的概率密度函数是未知的,通常针对不同分布采用不同的非线性函数[1]:对亚高斯信号(峭度小于 0)采用 $\varphi(\boldsymbol{y}) = \boldsymbol{y}^3$,对超高斯信号(峭度大于 0)采用 $\varphi(\boldsymbol{y}) = \tanh(\boldsymbol{y})$.

(2) 自然梯度算法(Natural Gradient)

随机梯度算法需要对分离矩阵 $\boldsymbol{W}$ 求逆,当 $\boldsymbol{W}$ 的维数很大时计算量较大,而且会出现比较严重的数值问题,导致算法的稳定性变差.针对这个问题,S. Amari [44—46] 和 J. F. Cardoso[47] 分别对其进行了改进. S. Amari 从黎曼(Riemann)空间的角度出发,提出了自然梯度算法. J. F. Cardoso 通过最大化分离矩阵的相对误差,独立地导出了相同的结果,并称之为相对梯度法(Relative Gradient). 两者的区别在于前者定义在任何连续群变换上,后者定义在任何光滑统计模型上. ICA 模型具有上述两种特征,因此,这两种不同的思路产生了相同的结果[23].

下面从黎曼空间的角度给出自然梯度算法的推导思路[4]:

在欧氏(Euclidean)正交坐标系中,常规梯度是最速下降方向. S. Amari 论证了分离矩阵 $\boldsymbol{W}$ 的参数空间不是欧氏空间,而是黎曼空间.黎曼度量结构与欧氏度量结构不同,在黎曼结构中,常规梯度给出的不是最速下降方向,自然梯度给出的才是最速下降方向.

为了求目标函数 $L(W)$ 在 W 附近的最速下降方向,假设 W 的扰动 δW 的长度为常数,则使得 $L(W + \delta W)$ 最小的方向为最速下降方向. 在欧氏正交坐标系中,δW 长度的平方为:

$$\| \delta W \|^2 = < \delta W, \delta W >_I = (\delta W)^T \delta W = \sum_i^M (\delta w_i)^2$$

(2.54)

但是,在黎曼空间中,坐标系不再正交,此时 δW 长度的平方为:

$$\| \delta W \|^2 = < \delta W, \delta W >_W = (\delta W)^T G \delta W = \sum_i^M g_{ii} (\delta w_i)^2$$

(2.55)

其中 G 为黎曼空间的度量张量(又称基本张量). 可以看出,在欧氏空间中 G 退化为单位矩阵 I. 可以导出随机梯度和自然梯度之间的关系为:

$$\frac{\partial L(W)}{\partial W_{\text{nat}}} = G^{-1} \frac{\partial L(W)}{\partial W}$$

(2.56)

上式的左边为自然梯度,黎曼度量 G 的形式依赖于参数的值,对于矩阵参数空间,黎曼度量可以由李群结构给出[23]. 此时随机梯度和自然梯度的关系为:

$$\frac{\partial L(W)}{\partial W_{\text{nat}}} = \frac{\partial L(W)}{\partial W} W^T W$$

(2.57)

代入随机梯度算法的迭代公式(2.52),可得自然梯度算法的迭代公式:

$$W(k+1) = W(k) + \alpha(k) \left[W^{-T}(k) - E\{\varphi(y)x^T\} \right] W^T(k)W(k)$$
$$= W(k) + \alpha(k) \left[I - E\{\varphi(y)y^T\} \right] W(k)$$

(2.58a)

如果将上式中的期望 $E\{\varphi(y)y^T\}$ 用瞬时值来代替,可得自然梯度算法的在线自适应迭代公式:

$$W(k+1) = W(k) + \alpha(k)[I - \varphi(y)y^{\mathrm{T}}]W(k) \qquad (2.58b)$$

自然梯度算法除了能够加快收敛速度外,还具有等变换性 (Equivariancy). 令 $B(k) = W(k)A$,(2.58a)式右乘 A 得到 $B(k)$ 的迭代公式:

$$B(k+1) = B(k) + \alpha(k)[I - E\{\varphi(y)y^{\mathrm{T}}\}]B(k) \qquad (2.59)$$

这说明 A 的作用只是决定迭代的初值 $B(0)$,这与 $W(0)$ 的作用一样,在以后的迭代过程中,算法的性能只取决于 $\varphi(y)$,由它的定义可知它取决于源信号的概率密度函数或对此函数的估计. 这种特性就称为等变换性[4].

实践证明,自然梯度算法的分离效果很好,它已经作为一种标准的学习算法为人们所接受. 需要注意的是,该算法并没有要求对观测数据进行白化处理. J. F. Cardoso 将白化处理和盲分离算法结合起来,提出了 EASI 算法[123]:

$$W(k+1) = W(k) + \alpha(k)[I - E\{yy^{\mathrm{T}}\} + I - E\{\varphi(y)y^{\mathrm{T}}\}]W(k)$$
$$(2.60)$$

当算法收敛后,应当满足梯度为零,则有 $I = E\{yy^{\mathrm{T}}\}$ 和 $I = E\{\varphi(y)y^{\mathrm{T}}\}$,前者为不相关条件,后者为收敛条件. 事实上,前面提到的自适应迭代的白化算法(2.21)式也是一种基于自然梯度的算法,当取非线性函数 $\varphi(y) = y$ 时,(2.58b)式就简化为(2.21)式. 选择 $\varphi(y) = y$ 意味着假定源信号服从高斯分布,只利用了信号的二阶统计信息,所以白化处理只能去除信号之间的相关性.

本小节以最大对数似然估计目标函数为例,推导了随机梯度算法和自然梯度算法的迭代公式,并比较了两者之间的关系. 对另一种典型的学习算法——定点算法的介绍及其迭代公式的推导请参考 2.3.4 小节.

2.3 ICA 的典型算法

自从 20 世纪 80 年代中期 ICA 方法提出以来,国内外的学者们已经提出了多种有效的 ICA 算法. 如最早的 H-J 算法、最大熵算法、最小互信息算法、最大似然估计算法、定点算法和非线性 PCA 算法等.

下面对这些经典的 ICA 算法作一个简单的介绍和总结. ICA 算法层出不穷,算法的分类方法也有多种,对一些不常用的算法本文不再作介绍,有兴趣的读者可参考综述性的文献[28-30].

2.3.1 H-J 算法

J. Herault 和 C. Jutten[31]是最早进行 ICA 研究的学者之一,他们提出了盲源分离研究史上开创性的算法——H-J 算法. 该算法利用一个带反馈的神经网络模型来实现独立信号的分离[1].

设神经网络的输入向量为 x,输出向量为 y,权值矩阵为 W,它们满足方程:

$$y = x - Wy \tag{2.61a}$$

即:

$$y = (I + W)^{-1} x \tag{2.61b}$$

则权值的迭代公式为:

$$w_{ij}(k+1) = w_{ij}(k) + \alpha(k) g_1(y_i(k)) g_2(y_j(k)), \ i \neq j \tag{2.62}$$

其中,$g_1(\cdot)$ 和 $g_2(\cdot)$ 是奇函数,通常取 $g_1(x) = x^3$ 或 $g_1(x) = \tanh(x)$,$g_2(x) = x$.

该算法的实质是引入了信号的高阶统计特性,当算法收敛后,输出 y_i 和 y_j 相互独立. 由于学习过程中的每一步都要计算 $(I + W)$ 的逆矩阵,所以运算量较大. 虽然 H-J 方法在理论上并没有给出令人满意的收敛证明,但其在实际使用过程中收敛特性非常好[1].

2.3.2 最大熵算法

A. J. Bell 和 T. J. Sejnowski[41-43]将 Linskers 的信息传输最大化

(Infomax)理论推广到非线性情况来处理任意分布的输入信号,采用
非线性函数间接获得高阶累积量. Infomax 算法的模型如图 2.2 所
示,其中非线性函数 $g(\cdot)$ 为 sigmoid 函数.

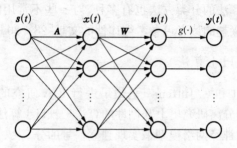

图 2.2　Infomax 算法模型

　　当系统中传递的信息量最大时,输出信号的各个分量之间的冗
余度最小,从而可以解决盲源分离问题. 由最大熵原理可知,当输出
熵最大时,输入和输出之间的互熵也最大,即有最多的信息从输入端
传到输出端. 此时,输入变量的概率密度函数与可逆变换 $g(\cdot)$ 之间的
关系可由 Linsker 的最大信息原理描述:当函数 $g(\cdot)$ 的最陡部分与
输入变量的最陡概率部分重合时,传输的信息量最大[3]. 所以最大熵
算法(Maximum Entropy, ME)也称为 Infomax 算法.

　　设神经网络隐层的输出向量为 $\boldsymbol{u} = \boldsymbol{Wx}$,若非线性函数 $g(\cdot)$ 为
sigmoid 函数,则输出向量 $\boldsymbol{y} = g(\boldsymbol{u}) = \dfrac{1}{1 + e^{-\boldsymbol{u}}}$. 以输出 $\boldsymbol{y}$ 的微分熵
$H(\boldsymbol{y})$ 为目标函数,利用随机梯度下降法可以导出最大熵算法的迭代
公式为[41]:

$$\Delta \boldsymbol{W} = \alpha \left[\boldsymbol{W}^{-\mathrm{T}} + (\widetilde{\boldsymbol{I}} - 2\boldsymbol{y}) \boldsymbol{x}^{\mathrm{T}} \right] \tag{2.63}$$

其中,α 为学习率,$\widetilde{\boldsymbol{I}}$ 为全 1 矩阵.

　　若取非线性函数 $g(\cdot)$ 为 tanh 函数,即 $\boldsymbol{y} = \tanh(\boldsymbol{u})$,采用类似的
方法可以导出如下迭代公式:

$$\Delta \boldsymbol{W} = \alpha \left[\boldsymbol{W}^{-\mathrm{T}} - 2\boldsymbol{y}\boldsymbol{x}^{\mathrm{T}} \right] \tag{2.64}$$

将 $y = \tanh(\boldsymbol{u}) = \tanh(\boldsymbol{Wx})$ 代入上式得：

$$\Delta \boldsymbol{W} = \alpha\big[\boldsymbol{W}^{-\mathrm{T}} - 2\tanh(\boldsymbol{Wx})\boldsymbol{x}^{\mathrm{T}}\big] \tag{2.65}$$

若采用自然梯度算法可以得到如下迭代公式：

$$\Delta \boldsymbol{W} = \alpha\big[\boldsymbol{I} - 2\tanh(\boldsymbol{u})\boldsymbol{u}^{\mathrm{T}}\big]\boldsymbol{W} \tag{2.66}$$

理论和实验证明,该算法只能分离出超高斯的源信号,因为在算法中使用了非线性 logistic 函数(其中 sigmoid 函数是 logistic 函数的一种形式,tanh 函数是 logistic 函数的对数密度函数的导数),相当于强加了一个先验知识——超高斯分布给源信号[23]. 为了克服这个缺点,T. W. Lee[51] 对 Infomax 算法进行了改进,提出了可以同时分离超高斯源和亚高斯源的扩展(Extended)Infomax 算法,该算法采用双概率模型,分别对应于超高斯源和亚高斯源,并定义了模型切换准则,在分离的过程中根据准则对源信号的类型进行判断,动态切换概率模型,实现超高斯源和亚高斯源的同步分离. 亚高斯和超高斯概率密度模型分别为[51]:

$$p_1(u) = \frac{1}{2}\big[N(\mu, \sigma^2) + N(-\mu, \sigma^2)\big] \tag{2.67}$$

$$p_2(u) = p_G(u)\operatorname{sech}^2(u)$$

其中,$N(\mu, \sigma^2)$ 是均值为 μ,方差为 σ^2 的正态分布. $p_G(u)$ 是零均值、单位方差的高斯分布. 采用自然梯度法可导出如下迭代公式：

$$\Delta \boldsymbol{W} = \alpha\big[\boldsymbol{I} - \boldsymbol{K}\tanh(\boldsymbol{u})\boldsymbol{u}^{\mathrm{T}} - \boldsymbol{u}\boldsymbol{u}^{\mathrm{T}}\big]\boldsymbol{W} \tag{2.68}$$

其中,$\boldsymbol{K}$ 是一个 M 维的对角阵,其元素 k_i 满足：

$$k_i = \begin{cases} 1, & u_i \text{ 是超高斯分布;} \\ -1, & u_i \text{ 是亚高斯分布,} \end{cases}$$

k_i 可以通过估计源信号的统计特性来确定[51],即:

$$k_i = \operatorname{sgn}(E\{\operatorname{sech}^2 u_i\}E\{u_i^2\} + E\{u_i \tanh u_i\}) \tag{2.69}$$

其中，sgn 是符号函数，sech 是双曲正割函数.

2.3.3 最小互信息算法和最大似然算法

P. Comon[36]早在 1994 年就证明了互信息是独立分量分析的目标函数，最小互信息（Minimum Mutual Information, MMI）算法的基本思路是选择神经网络的权值矩阵 W，使得输出 y 的各个分量之间的互信息最小化. 由前面 2.2.2 小节分析可知，最小互信息和最大似然估计的目标函数在一定条件下是等价的. 2.2.3 小节推导了采用最大对数似然目标函数时自然梯度算法的迭代公式(2.58a)式，从最小互信息目标函数出发可以导出相同的迭代公式，此处不再赘述.

2.3.4 定点算法

定点（Fixed-point）算法是 A. Hyvärinen[48−50]提出的基于不动点迭代的盲分离算法，也称快速 ICA（FastICA）算法. 该算法有两种逼近方法：紧缩逼近法和均衡逼近法. 紧缩逼近法又称一元算法（One-unit Algorithm），分别对分离矩阵的每一列进行更新，每次提取一个独立分量；均衡逼近法又称为多元算法（Several-unit Algorithm），同时对所有独立分量对应的分离矩阵的列进行更新[1].

（1）一元定点算法

一元定点算法通过系统学习找出一个方向，即 W 的一个权值矢量 w_i，使得投影 $y_i = w_i^T x$ 具有最大的非高斯性，它每次只从观测信号中分离出一个独立分量. 定点算法采用负熵作为目标函数，即用负熵来衡量 $y_i = w_i^T x$ 的非高斯性. 负熵可以用信号的峭度来近似，但是峭度方法对数据比较敏感，为此 A. Hyvärinen[50]提出了一种更稳健、速度更快的方法来近似负熵：

$$J(y_i) \propto \left[E\{G(y_i)\} - E\{G(v)\} \right]^2 \qquad (2.70)$$

其中 G 是一任意非二次型函数，y_i 是具有零均值和单位方差的随机变量, v 是具有零均值和单位方差的高斯随机变量. 将 $y_i = \boldsymbol{w}_i^{\mathrm{T}} \boldsymbol{x}$ 代入上式得:

$$J_G(\boldsymbol{w}_i) \propto \left[E\{G(\boldsymbol{w}_i^{\mathrm{T}} \boldsymbol{x})\} - E\{G(v)\} \right]^2 \qquad (2.71)$$

由此可见, 使负熵 $J_G(\boldsymbol{w}_i)$ 达到极大, 就是在 $\| \boldsymbol{w}_i \|^2 = 1$ 的约束条件下, 使得 $E\{G(\boldsymbol{w}_i^{\mathrm{T}} \boldsymbol{x})\}$ 达到极大, 用拉格朗日乘子方法可得到定点算法的目标函数为[1]:

$$L(\boldsymbol{w}_i) = E\{G(\boldsymbol{w}_i^{\mathrm{T}} \boldsymbol{x})\} - \beta \| \boldsymbol{w}_i \|^2 \qquad (2.72)$$

对(2.72)式求权值 $\boldsymbol{w}_i$ 的一次梯度得:

$$L'(\boldsymbol{w}_i) = \frac{\partial L(\boldsymbol{w}_i)}{\partial \boldsymbol{w}_i} = E\{\boldsymbol{x} g(\boldsymbol{w}_i^{\mathrm{T}} \boldsymbol{x})\} - \beta \boldsymbol{w}_i \qquad (2.73)$$

其中 g 为 G 的导数, 对(2.73)式再次求权值 $\boldsymbol{w}_i$ 的梯度得:

$$L''(\boldsymbol{w}_i) = \frac{\partial L'(\boldsymbol{w}_i)}{\partial \boldsymbol{w}_i} = E\{\boldsymbol{x}\boldsymbol{x}^{\mathrm{T}} g'(\boldsymbol{w}_i^{\mathrm{T}} \boldsymbol{x})\} - \beta \boldsymbol{I} \qquad (2.74)$$

其中 g' 为 g 的导数, 因为 $E\{\boldsymbol{x}\boldsymbol{x}^{\mathrm{T}} g'(\boldsymbol{w}_i^{\mathrm{T}} x)\} \approx E\{\boldsymbol{x}\boldsymbol{x}^{\mathrm{T}}\} E\{g'(\boldsymbol{w}_i^{\mathrm{T}} \boldsymbol{x})\} = E\{g'(\boldsymbol{w}_i^{\mathrm{T}} \boldsymbol{x})\} \boldsymbol{I}$, 由牛顿迭代法求出方程 $L'(\boldsymbol{w}_i) = 0$ 的近似根为[1]:

$$\boldsymbol{w}_i(k+1) = \boldsymbol{w}_i(k) - \frac{E\{\boldsymbol{x} g(\boldsymbol{w}_i^{\mathrm{T}} \boldsymbol{x})\} - \beta \boldsymbol{w}_i(k)}{E\{g'(\boldsymbol{w}_i^{\mathrm{T}} \boldsymbol{x})\} - \beta} \qquad (2.75)$$

由于 $L'(\boldsymbol{w}_i) = 0$, 并考虑权向量归一化条件 $\boldsymbol{w}_i^{\mathrm{T}} \boldsymbol{w}_i = 1$, 有 $\beta = E\{\boldsymbol{w}_i^{\mathrm{T}} \boldsymbol{x} g(\boldsymbol{w}_i^{\mathrm{T}} \boldsymbol{x})\}$, 代入(2.75)式, 且两边同乘 $\beta - E\{g'(\boldsymbol{w}_i^{\mathrm{T}} \boldsymbol{x})\}$, 可得一元定点算法的迭代公式为[50]:

$$\boldsymbol{w}_i(k+1) = E\{\boldsymbol{x} g(\boldsymbol{w}_i^{\mathrm{T}} \boldsymbol{x})\} - E\{g'(\boldsymbol{w}_i^{\mathrm{T}} \boldsymbol{x})\} \boldsymbol{w}_i(k) \qquad (2.76a)$$

其中, k 为迭代次数, 在每次迭代后需要对权向量 $\boldsymbol{w}_i(k+1)$ 进行归一化处理:

$$w_i(k+1) = \frac{w_i(k+1)}{\| w_i(k+1) \|} \tag{2.76b}$$

上述迭代公式需要对源信号进行白化处理,可以对未白化的数据进行处理的改进的迭代公式和权值归一化方法如下[50]:

$$w_i(k+1) = C_x^{-1} E\{xg(w_i^T x)\} - E\{g'(w_i^T x)\}w_i(k) \tag{2.77a}$$

$$w_i(k+1) = \frac{w_i(k+1)}{\sqrt{w_i^T(k+1)C_x w_i(k+1)}} \tag{2.77b}$$

其中, $C_x = E\{xx^T\}$ 是观测信号 x 的协方差矩阵.

（2）多元定点算法

在实际应用中,一元定点算法比较费时,如果考虑对多个独立元同时进行计算,则优化问题变为[50]:在满足以下约束条件时,

$$E\{(w_k^T x)(w_j^T x)\} = \delta_{jk} \tag{2.78}$$

最大化 $\sum_{i=1}^{M} J_G(w_i)$, $i = 1, \cdots, n$.

运行 M 次一元算法得到权值矩阵 $W = [w_1, w_2, \cdots, w_M]^T$, 为了阻止不同的最大熵收敛到同一个向量,必须将向量 $w_1, w_2, \cdots, w_M$ 正交化. 如果已经估计出 p 个独立分量对应的权值,在估计第 $p+1$ 个独立分量对应的权值时,采用下面的方法使权值之间正交化和归一化:

$$w_{p+1}(k+1) = w_{p+1}(k) - \sum_{j=1}^{p} w_{p+1}^T(k)C_x w_j w_j \tag{2.79a}$$

$$w_{p+1}(k+1) = \frac{w_{p+1}(k+1)}{\sqrt{w_{p+1}^T(k+1)C_x w_{p+1}(k+1)}} \tag{2.79b}$$

在实际使用中可采用下面的公式来迭代[50]:

$$W = (WC_xW^{\mathrm{T}})^{-1/2}W \qquad (2.80)$$

其中 $W = [w_1, w_2, \cdots, w_M]^{\mathrm{T}}$，$(WC_xW^{\mathrm{T}})^{-1/2}$ 可通过特征值分解 $WC_xW^{\mathrm{T}} = EDE^{\mathrm{T}}$ 得到：

$$(WC_xW^{\mathrm{T}})^{-1/2} = ED^{-1/2}E^{\mathrm{T}} \qquad (2.81)$$

（3）FastICA 算法的性能及其对照函数的选择

与其他算法相比，FastICA 算法具有很多优点，主要有以下几个方面[50]：

1）该算法的收敛速度是立方的（至少是二次方的），而基于梯度下降的算法是线性收敛的，这意味着 FastICA 具有非常快的收敛速度.

2）和基于梯度的算法不同，FastICA 不需要选择步长参数，即 FastICA 算法很容易使用.

3）该算法使用任意的非线性函数 g 就可以求出非高斯的独立信号，对于其他一些算法来说，需要对概率密度函数进行估计，且非线性函数的选择要同概率密度函数有关.

4）该算法继承了神经网络算法的很多优点，如算法是并行的、分布的、计算简单，且所需的内存空间较小.

FastICA 算法的性能很好，适合各类数据分析，具有较为广泛的应用价值. 下面是定点算法中常采用的三种对照函数 $G(u)$ 及其一阶导数 $g(u)$ [50]：

$$G_1(u) = \frac{1}{a_1}\mathrm{logcosh}(a_1 u), \ g_1(u) = \tanh(a_1 u) \qquad (2.82\mathrm{a})$$

$$G_2(u) = -\frac{1}{a_2}\exp(-a_2 u^2/2), \ g_2(u) = u\exp(-a_2 u^2/2)$$

$$(2.82\mathrm{b})$$

$$G_3(u) = \frac{1}{4}u^4, \ g_3(u) = u^3 \qquad (2.82\mathrm{c})$$

其中 $1 \leqslant a_1 \leqslant 2$，$a_2 \approx 1$ 是常数，G_1 适合于亚高斯和超高斯信号并存的一般情况；当独立的源信号为峭度很大的超高斯信号或数值稳定性非常重要时，G_2 可能是更好的选择；分离亚高斯信号时，可选用 G_3.

2.3.5 非线性 PCA 算法

标准主分量分析 PCA 方法只用到了输入数据的二阶统计量，输出数据之间满足不相关. 将高阶统计量引入标准 PCA 方法中就可得到非线性 PCA(Nonlinear PCA，NLPCA)方法，该方法可以看成是标准 PCA 方法的推广[4]. J. Karhumen[24] 于 1994 年提出了利用非线性 PCA 解决 ICA 问题的算法，此后，E. Oja[26,54] 对此作了进一步的研究，证明了该方法与最大似然估计法等价.

非线性 PCA 算法和标准 PCA 算法之间的关系如下[3]：

(1) 非线性 PCA 的输入输出之间的映射是非线性的，而标准 PCA 的输入输出之间的映射是线性的.

(2) 非线性 PCA 考虑了输入数据的高阶统计量，这个特性对于盲信号分量特别有用. 标准 PCA 只利用了二阶统计量，二阶统计量仅能表征高斯信号的特征，对于非高斯信号许多有用的信息都包含在高阶统计量中.

由于非线性 PCA 算法利用了高阶统计量，所以对源信号进行预处理是很有必要的. 采用 2.2.1 小节的白化处理方法使得输出信号 $z = Vx$ 为零均值单位方差信号，则非线性 PCA 的目标函数为：

$$L(\boldsymbol{W}) = E\{\| \boldsymbol{z} - \boldsymbol{W} g(\boldsymbol{W}^{\mathrm{T}} \boldsymbol{z}) \|^2\} \tag{2.83}$$

其中 g 为非线性函数，通常取 $g(x) = \tanh(x)$，$g(x) = x^3$ 等. 通过梯度下降法最小化上述目标函数可得权值 $\boldsymbol{W}$ 的迭代公式：

$$\boldsymbol{W}(k+1) = \boldsymbol{W}(k) + \alpha(k)[\boldsymbol{z}(k) - \boldsymbol{W}(k) g(\boldsymbol{W}(k)^{\mathrm{T}} \boldsymbol{z}(k)^{\mathrm{T}})] g(\boldsymbol{z}(k)^{\mathrm{T}} \boldsymbol{W}(k))$$
$$\tag{2.84}$$

2.4 ICA 算法的性能分析

在给定 ICA 的目标函数和学习算法之后,对算法的性能进行分析是很重要的,这些性能包括收敛性的条件(即算法的稳定性),均方误差(即算法的精确性)以及步长的选择对算法性能的影响等.

下面以在线自适应自然梯度算法(2.58b)式为例来分析 ICA 算法的性能.

2.4.1 自然梯度算法的稳定性分析

首先说明一下稳定性的概念[2],以一维权参数变量 w 的目标函数 $l(y, w)$ 为例,其中 $y = wx$,x 是一个随机变量,因此 y 也是随机变量.为了求一最佳参数 $\tilde{w}$ 使得 $E\{l(y, \tilde{w})\}$ 达到最小值,可以采用下列迭代公式计算:

$$w(k+1) = w(k) + \alpha(k)f(y(k), w(k)) \qquad (2.85)$$

其中

$$f(y(k), w(k)) = -\frac{\partial l(y, w)}{\partial w}\Big|_{w=w(k)} \qquad (2.86)$$

如果 $\tilde{w}$ 是所需的解,则应该有:

$$E\{f(y, \tilde{w})\} = 0 \qquad (2.87)$$

$\tilde{w}$ 称为上述迭代的一个平衡点.但是一个平衡点不一定是一个稳定平衡点.只有在 $\tilde{w}$ 附近 $-E\{f'(y, w)\}$ 皆大于 0,$\tilde{w}$ 才是一个稳定平衡点.其中 $f'(y, w)$ 定义为:

$$f'(y(k), w(k)) = -\frac{\partial l^2(y, w)}{\partial w^2}\Big|_{w=w(k)} \qquad (2.88)$$

分析系统的稳定性常用的方法有两种,一是常微分方程法(Ordinary Differential Equation, ODE),二是误差扰动法[6].这两种方法虽然出发点不同,但最终分析的结果基本相同.

下面我们从常微分方程的角度推导在线自适应自然梯度算法的迭代公式(2.58b)式的稳定条件. 由前面稳定性的概念可知,(2.58b)式的平衡点满足:

$$E\{\boldsymbol{I}-\varphi(\boldsymbol{y})\boldsymbol{y}^{\mathrm{T}}\} = 0 \tag{2.89}$$

仅当 $\partial(E\{\boldsymbol{I}-\varphi(\boldsymbol{y})\boldsymbol{y}^{\mathrm{T}}\}\boldsymbol{W})/\partial\boldsymbol{W}$ 的全部特征值有负的实部时,该平衡点才是稳定平衡点. 由 2.2.3 节可知 $\boldsymbol{I}-\varphi(\boldsymbol{y})\boldsymbol{y}^{\mathrm{T}}$ 源自目标函数 L 的梯度 $\mathrm{d}L$,此外,还需计算 L 的海塞(Hessian)矩阵 d^2L:

$$\mathrm{d}^2 L = \sum_{i,j} \frac{\partial^2 L(\boldsymbol{y},\boldsymbol{W})}{\partial w_{ij}\partial w_{ji}}\mathrm{d}w_{ij}\mathrm{d}w_{ji} \tag{2.90}$$

只有当上述二次型的期望是正定型时,该平衡点才是稳定平衡点[1].

定理 2.1 当且仅当下列条件成立时,(2.58b)式的解才是稳定的[124].

$$\begin{cases} m_i+1>0 \\ k_i>0 \\ \sigma_i^2\sigma_j^2 k_i k_j>1 \end{cases},其中 \begin{cases} \sigma_i^2 = E\{y_i^2\} \\ k_i = E\{\dot{\varphi}_i(y_i)\} \\ m_i = E\{y_i^2\dot{\varphi}_i(y_i)\} \end{cases} \tag{2.91}$$

其中, $\dot{\varphi} = \mathrm{d}\varphi/\mathrm{d}y$

证明 目标函数 L 的海塞矩阵的二次全微分如下:

$$\mathrm{d}^2 L = \boldsymbol{y}^{\mathrm{T}}\mathrm{d}\boldsymbol{X}^{\mathrm{T}}\dot{\varphi}(\boldsymbol{y})\mathrm{d}\boldsymbol{y}+\varphi^{\mathrm{T}}(\boldsymbol{y})\mathrm{d}\boldsymbol{X}\mathrm{d}\boldsymbol{y} \tag{2.92}$$

其中 $\dot{\varphi}(\boldsymbol{y})$ 是对角元素为 $\dot{\varphi}_1(y_1)$, $\dot{\varphi}_2(y_2)$, $\cdots$, $\dot{\varphi}_M(y_M)$ 的对角阵, $\mathrm{d}\boldsymbol{X} = \mathrm{d}\boldsymbol{W}\boldsymbol{W}^{-1}$.

因为 $\boldsymbol{y}=\boldsymbol{W}\boldsymbol{x}$,所以 $\mathrm{d}\boldsymbol{y}=\mathrm{d}\boldsymbol{W}\boldsymbol{x}=\mathrm{d}\boldsymbol{W}\boldsymbol{W}^{-1}y=\mathrm{d}\boldsymbol{X}\boldsymbol{y}$,代入(2.92)式得:

$$\mathrm{d}^2 L = \boldsymbol{y}^{\mathrm{T}}\mathrm{d}\boldsymbol{X}^{\mathrm{T}}\dot{\varphi}(\boldsymbol{y})\mathrm{d}\boldsymbol{X}\boldsymbol{y}+\varphi^{\mathrm{T}}(\boldsymbol{y})\mathrm{d}\boldsymbol{X}\mathrm{d}\boldsymbol{X}\boldsymbol{y} \tag{2.93}$$

上式右边第一项的期望为:

$$E\{\boldsymbol{y}^{\mathrm{T}}\mathrm{d}\boldsymbol{X}^{\mathrm{T}}\dot{\varphi}(\boldsymbol{y})\mathrm{d}\boldsymbol{X}\boldsymbol{y}\} = \sum_{i,j,k}E\{y_i\mathrm{d}x_{ji}\dot{\varphi}_j(y_j)\mathrm{d}x_{jk}y_k\}$$

$$= \sum_{i\neq j}E\{y_i^2\}E\{\dot{\varphi}_j(y_j)\}(\mathrm{d}x_{ji})^2+$$

$$\sum_i E\{y_i^2 \dot{\varphi}_i(y_i)\}(\mathrm{d}x_{ii})^2$$

$$= \sum_{i \neq j} \sigma_i^2 k_j (\mathrm{d}x_{ji})^2 + \sum_i m_i (\mathrm{d}x_{ii})^2 \quad (2.94)$$

同样,上式右边第二项的期望为:

$$E\{\varphi^{\mathrm{T}}(y)\mathrm{d}X\mathrm{d}Xy\} = \sum_{i,j,k} E\{\varphi_i(y_i)\mathrm{d}x_{ij}\mathrm{d}x_{jk}y_k\}$$

$$= \sum_{i,j} E\{y_i\varphi_i(y_i)\}\mathrm{d}x_{ij}\mathrm{d}x_{ji}$$

$$= \sum_{i,j} \mathrm{d}x_{ij}\mathrm{d}x_{ji} \quad (2.95)$$

由归一化条件可得 $E\{y_i\varphi_i(y_i)\} = 1$,结合(2.94)式和(2.95)式,可得:

$$E\{\mathrm{d}^2 L\} = \sum_{i \neq j} [\sigma_i^2 k_j (\mathrm{d}x_{ji})^2 + \mathrm{d}x_{ij}\mathrm{d}x_{ji}] + \sum_i (m_i + 1)(\mathrm{d}x_{ii})^2$$

$$= \sum_{i \neq j} q_{ij} + \sum_i (m_i + 1)(\mathrm{d}x_{ii})^2 \quad (2.96)$$

其中,$q_{ij} = \sigma_i^2 k_j (\mathrm{d}x_{ji})^2 + \sigma_j^2 k_i (\mathrm{d}x_{ij})^2 + 2\mathrm{d}x_{ij}\mathrm{d}x_{ji}$

由不等式 $\sqrt{ab} \leqslant \dfrac{a+b}{2}$ 可得,$q_{ij} > 0$ 的充要条件是:$\sigma_i^2\sigma_j^2 k_i k_j > 1$,且 $k_i > 0$.

此外,由(2.96)式可得:$m_i + 1 > 0$.

综上所述,定理2.1成立.

证毕

2.4.2 自适应选择学习步长的方法

和其他神经网络的学习算法一样,在迭代计算中步长因子 $\alpha(k)$ 是一个非常重要的参数,它影响算法的收敛速度和最终的精度. $\alpha(k)$ 越大收敛的速度越快,但收敛后的稳态误差会越大,影响算法的精确性.因此一般采用变步长的算法来控制收敛速度和误差.在批处理情况下,可选择随 k 的增加而递减的函数,如 $\alpha(k) = a_0/k$. 对于在线自适应的情况则很难作出选择,若 $\alpha(k)$ 太小则会跟不上环境的变化而达不到自适应的目的,若 $\alpha(k)$ 太大会造成失调而使误差增大,因此必须使得步长可以随环境变化程度的不同作出自适应的调整[2,6].

下面介绍一种自适应选择步长的方法[46],ICA 的迭代公式一般可以写成:

$$W(k+1) = W(k) + \alpha(k)F(y(k), W(k))W(k) \qquad (2.97)$$

令 $G(k) = F(y(k), W(k))W(k)$,计算其短期累计值 $\widetilde{G}(k)$,即有

$$\widetilde{G}(k) = (1 - \rho_2)\widetilde{G}(k-1) + \rho_2 G(k) \qquad (2.98)$$

其中 $0 < \rho_2 < 1$, ρ_2 越接近 0 时累计的作用越大,则 $\alpha(k)$ 的计算方法为:

$$\alpha(k) = (1 - \rho_1)\alpha(k-1) + \rho_1\beta\psi(\widetilde{G}(k)) \qquad (2.99)$$

其中 $0 < \rho_1 < 1$, $\beta > 0$, $\psi(\cdot)$ 用下式计算:

$$\psi(\widetilde{G}(k)) = \tanh\left[\frac{1}{M^2}\sum_{i,j=1}^{M}(\widetilde{g}_{ij}(k))^2\right] \text{ 或 } \frac{1}{M^2}\sum_{i,j=1}^{M}|\widetilde{g}_{ij}(k)|$$

$$(2.100)$$

其中 $\widetilde{g}_{ij}(k)$ 是 $\widetilde{G}(k)$ 的元素. ρ_1, ρ_2, β 三个参数应根据问题的不同而有所选择.

其他学者提出了许多步长的选择方法,如 T. P. Hoff[125] 提出了一种可以控制步长因子的上界,又可以在平衡点附近快速收敛的迭代算法,S. C. Douglas[126] 针对卷积混合模型提出了一种自动调整学习步长的方法,这两种步长选择方法的具体实现过程可参考相应的文献.

2.4.3　两种衡量 ICA 分离性能的指标

通过 ICA 求解得到混合矩阵和源信号的估计值,与混合矩阵和

源信号的实际值进行比较,就可以评价 ICA 算法的性能. 通常可以采用以下两种方法来衡量 ICA 算法的分离性能.

一种方法是计算分离矩阵 W 和实际混合矩阵 A 的乘积 $C = WA$ 与单位矩阵 I 之间的距离,这是一种理想的情况,实际上 C 是一个置换阵(或称排列阵),因此用下列函数来衡量[127]:

$$\text{PI} = \frac{1}{2M} \sum_{i=1}^{M} \left\{ \left(\sum_{j=1}^{M} \frac{|c_{ij}|^2}{\max_k |c_{ik}|^2} - 1 \right) + \left(\sum_{j=1}^{M} \frac{|c_{ji}|^2}{\max_k |c_{ki}|^2} - 1 \right) \right\}$$

(2.101)

其中 c_{ij} 为 C 的第 (i, j) 个元素,PI(Performance Index)表示算法的分离性能,其值越小表示分离的性能越好,当 PI $= 0$ 时表示信号完全分离.

另一种方法是计算输出信号 y_i, $i = 1, 2, \cdots, M$ 和源信号 s_j, $j = 1, 2, \cdots, N$ 的相关系数:

$$\rho_{ij} = \left[\frac{|E\{y_i s_j\}|^2}{E\{|y_i|^2\} E\{|s_j|^2\}} \right]^{\frac{1}{2}}$$

(2.102)

若 $\rho_{ij} = 1$,说明第 i 个分离信号与第 j 个源信号相同,由于估计误差的存在,一般 ρ_{ij} 值接近 1 时即可表示分离成功. 若 ρ_{ij} 值很小,说明第 i 个分离信号与第 j 个源信号不相关,即它们不对应. 若所有的 ρ_{ij} 值都很小,说明没有正确分离,或者说分离失败[23].

2.5 仿真实验

为了进一步说明 ICA 的基本原理,本节给出两个仿真实验. 第一小节给出两个随机噪声信号的白化预处理实验,通过分析信号的联合概率分布,说明不相关和统计独立之间的关系及白化预处理的意义. 第二小节通过四幅标准图像的混合和分离实验,比较了自然梯度算法和定点算法(即 FastICA 算法)的学习性能,说明定点算法是一种速度很快,分离性能很好的 ICA 方法.

2.5.1 白化预处理实验

随机产生两个在 $[-1,1]$ 上均匀分布的噪声信号 s_1 和 s_2，其均值为 0，维数为 256×1. s_1 和 s_2 的联合概率分布如图 2.3(a)所示，其中横坐标为 s_1，纵坐标为 s_2.

混合信号 x_1 和 x_2 的联合概率分布如图 2.3(b)所示，其中横坐标为 x_1，纵坐标为 x_2，混合矩阵为 $A = \begin{bmatrix} 0.4 & 0.6 \\ 0.7 & 0.3 \end{bmatrix}$.

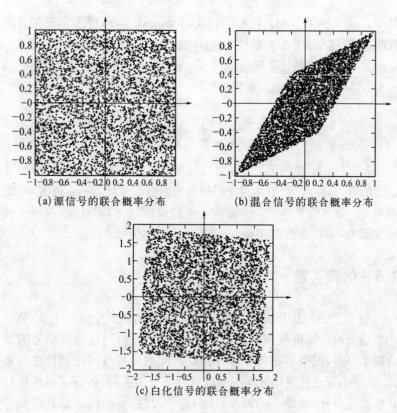

(a) 源信号的联合概率分布　　(b) 混合信号的联合概率分布

(c) 白化信号的联合概率分布

图 2.3　白化预处理及联合概率分布

采用 2.2.1 小节的白化预处理方法得到互不相关的 z_1 和 z_2，其中白化矩阵为 $V = ED^{-1/2}E^{\mathrm{T}}$. z_1 和 z_2 的联合概率分布如图 2.3(c)所示，其中横坐标为 z_1，纵坐标为 z_2.

从图 2.3 可以看出，白化处理后 z_1 和 z_2 正交，其联合概率分布与互相独立的源信号 s_1 和 s_2 的联合概率分布只相差一个旋转角度. 因此，通过白化处理大大减小了 ICA 问题的复杂度，大多数 ICA 算法都要先进行白化处理. 不相关和统计独立的关系是：不相关是统计独立的前提条件，是统计独立要求的较弱形式.

2.5.2 定点算法和自然梯度算法的学习性能比较实验

定点算法(Fixed-pint，即 FastICA)和自然梯度算法(NGA)是两种常用的 ICA 学习算法，本小节通过图像的混合和分离实验，对它们的学习性能进行比较. 本实验采用四幅 128×128 的标准图像：Baboon、Boat、Bridge 和 Lena，如图 2.4(a)所示，四幅混合图像如图 2.4(b)所示，其中混合矩阵为在 $[0，1]$ 上随机产生的 4×4 的矩阵：

$$A = \begin{bmatrix} 0.023\,2 & 0.694\,7 & 0.783\,5 & 0.529\,3 \\ 0.231\,3 & 0.383\,1 & 0.409\,7 & 0.504\,2 \\ 0.845\,3 & 0.479\,8 & 0.957\,4 & 0.483\,4 \\ 0.726\,4 & 0.967\,1 & 0.197\,0 & 0.377\,6 \end{bmatrix}.$$

本实验采用定点算法和三种自然梯度算法进行混合图像的盲分离实验，得到这四种方法的迭代时间和性能指标 PI，如表 2.1 所示. 其中 FastICA 为定点算法，具体实现过程参考文献[48—50]；NG-FICA 为柔性(Flexible)自然梯度算法，参考文献[44]；NG-OL 为在线自适应(On-line Adaptive)自然梯度算法，参考文献[45]；BSS-C 算法为基于累积量(Cumulants)的盲源分离(BSS)算法，参考文献[46]. 从表 2.1 中数据可以看出，这四种学习算法中，FastICA 算法的收敛速度最快，分离性能最好. 而 NG-OL 算法的收敛时间最长，因为该算法每得到一个观测信号就进行一次学习，所以没有其他采用批处理

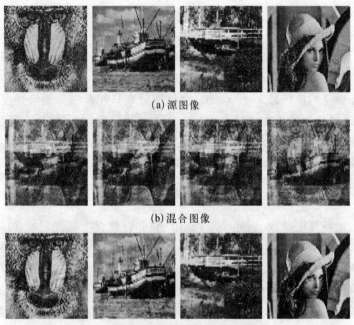

(a) 源图像

(b) 混合图像

(c) 采用FastICA算法的分离结果

图 2.4　混合图像的 ICA 分离实验

方式进行学习的算法快,但其自适应性较好.BSS-C 算法的综合性能仅次于 FastICA 算法,该算法适合处理含噪 ICA 模型,抗噪声的能力较强[46].

表 2.1　定点算法和三种自然梯度算法的学习性能比较

不 同 算 法	迭代时间(s)	性能指标 PI
FastICA	0.98	0.104 5
NG-FICA	1.11	0.445 8
NG-OL	7.98	0.184 2
BSS-C	1.60	0.175 7

图 2.4(c)为采用 FastICA 算法分离出的四幅图像,考虑到 ICA
存在次序和幅度的不确定性,我们对分离出的四幅图像进行了归一
化处理,并按照源图像的顺序进行重新排序.

从表 2.1 的实验数据和图 2.4(c)的分离结果可以得出结论,
FastICA 算法是一种速度很快、分离性能很好的 ICA 算法. 在本论文
的后续章节中将多次采用该算法进行图像的 ICA 分解,并对该算法
进行了适当的改进.

2.6 本章小结

本章对 ICA 常用的目标函数和学习算法进行了归纳和总结,推
导了随机梯度算法、自然梯度算法和定点算法的迭代公式,给出了最
大化负熵、最小化互信息和最大似然估计这三种目标函数之间的等
价性证明,并讨论了在线自适应批处理自然梯度算法的性能,采用常
微分方程法分析了自适应自然梯度算法的稳定条件,并给出了学习
步长的选择方法和两种 ICA 算法性能的衡量指标.

最后,通过两个仿真实验进一步说明了不相关和统计独立的关
系,并对定点算法和自然梯度算法的学习性能进行了比较.

第三章 基于小波变换的
ICA 方法

本章提出了一种基于二维小波变换的 ICA 方法.理论分析表明:当各个源信号的概率密度分布相同且非线性函数为双曲正切函数时,自然梯度算法的稳态误差与源信号峭度的平方成反比.因此,对峭度更大的小波域高频子图像进行 ICA 分解可以获得更高的分离精度.同时,由于高频子图像的大小为源图像的四分之一,因此计算量大大减小,算法收敛的速度更快.

第一节简单介绍小波变换的基本原理,第二节在分析小波域高频子图像的分布特性的基础上,提出一种基于二维小波变换的 ICA 方法,并给出算法的实现步骤,第三节详细分析该方法的性能,对自然梯度算法和 FastICA 算法这两种学习算法的收敛性进行研究,并得出结论:前者在小波域可以获得更高的分离精度,而后者的收敛性能不变,但两者的收敛速度都会更快.第四节将提出的小波域自然梯度法用于混合图像的盲分离,并通过一系列实验证实该方法是有效的.

3.1 小波变换

小波变换理论是近年来发展起来的新的数学分支,目前已成为国际上极为活跃的研究领域,它被广泛地应用于信号处理、图像处理、语音识别与合成、流体湍流、地震勘探以及机械故障诊断与监控等领域[134].

小波变换是一种时间(空间)和频率的局部化分析方法,它具有多分辨率分析的特点,而且在时频两域都具有表征信号局部特征的能力. 即在低频部分具有较高的频率分辨率和较低的时间分辨率,在高频部分具有较高的时间分辨率和较低的频率分辨率,所以被誉为"数学显微镜".

3.1.1 小波变换的定义及性质

小波变换是傅立叶变换的发展与延拓. 傅立叶变换的实质是将信号 $f(t)$ 分解成许多不同频率的正弦波的叠加,它在频域内是局部化的,但是不能反映出信号在时间的局部区域上的频率特征. 为此,D. Gabor 引入了短时傅立叶变换(又称 Gabor 变换),其基本思想是用一个时间局部化的窗函数将信号划分成许多小的时间间隔,然后再用傅立叶变换分析每个时间间隔内的频率特性. 虽然 Gabor 变换在一定程度上克服了傅立叶变换不具局部分析能力的缺点,但是其变换窗的形状大小和频率无关,且不是离散正交基. 小波变换继承和发展了 Gabor 变换局部化的思想,又克服了窗口大小不随频率变化,缺乏离散正交基等缺点.

(1) 小波变换的定义:

设 $\psi(t) \in L^2(R)$ ($L^2(R)$ 表示平方可积的实数空间),其傅立叶变换 $\hat{\psi}(\omega)$ 满足:

$$C_\psi = \int_{-\infty}^{+\infty} \frac{|\hat{\psi}(\omega)|^2}{|\omega|} d\omega < \infty \tag{3.1}$$

则称 $\psi(t)$ 为一基本小波或小波母函数,$\psi(t)$ 经过伸缩和平移后生成函数族 $\psi_{a,b}$,

$$\psi_{a,b} = \frac{1}{\sqrt{|a|}} \psi\left(\frac{t-b}{a}\right), \quad a,b \in \mathbf{R}, a \neq 0 \tag{3.2}$$

其中 a 和 b 分别是伸缩和平移因子. 任意函数 $f(t) \in L^2(R)$ 的连续小波变换为:

$$W_f(a, b) = <f, \psi_{a,b}> = \frac{1}{\sqrt{a}} \int_{-\infty}^{+\infty} f(t) \, \bar{\psi}\left(\frac{t-b}{a}\right) dt \qquad (3.3)$$

其中 $\bar{\psi}$ 为 ψ 的复共轭. 其逆变换(重构公式)为:

$$f(t) = \frac{1}{C_\psi} \int_0^{+\infty} \int_{-\infty}^{+\infty} a^{-2} W_f(a, b) \psi_{a,b}(t) \, da \, db \qquad (3.4)$$

将连续小波变换中的尺度参数 a 和平移参数 b 离散化为 $a = a_0^j$, $b = ka_0^j b_0$, 其中 $a_0 > 1$, $j,k \in \mathbf{Z}$, 得到离散小波函数 $\psi_{j,k}(t)$ 为:

$$\psi_{j,k}(t) = a_0^{-j/2} \psi(a_0^{-j} - kb_0) \qquad (3.5)$$

相应的离散小波变换为:

$$W_f(j, k) = <f, \psi_{j,k}> = a_0^{-j/2} \int_{-\infty}^{+\infty} \int_{-\infty}^{+\infty} f(t) \psi(a_0^{-j} t - kb_0) \, dt$$

$$(3.6)$$

在实际应用中常选择 $a_0 = 2$, $b_0 = 1$, 则得到二进小波(Dyadic Wavelet):

$$\psi_{j,k}(t) = 2^{-j/2} \psi(2^{-j} t - k) \qquad (3.7)$$

以上都是针对一维信号而言的,而图像是二维信号. 二维连续小波变换为:

$$W_f(a, b_1, b_2) = <f, \psi_{a,b_1,b_2}> = \int_{-\infty}^{+\infty} \int_{-\infty}^{+\infty} f(t_1, t_2) \psi_{a,b_1,b_2}(t_1, t_2) \, dt_1 \, dt_2$$

$$(3.8)$$

其逆变换为:

$$f(t_1, t_2) = \frac{1}{C_\psi} \int_{-\infty}^{+\infty} \int_{-\infty}^{+\infty} \int_0^{+\infty} a^{-3} W_f(a, b_1, b_2) \psi_{a,b_1,b_2}(t_1, t_2) \, da \, db_1 \, db_2$$

$$(3.9)$$

由一维离散小波出发,可定义二维离散正交小波为:

$$\psi_{j_1, k_1, j_2, k_2}(t_1, t_2) = \psi_{j_1, k_1}(t_1)\psi_{j_2, k_2}(t_2) \qquad (3.10)$$

(2) 小波变换的性质:

1) 线性性:一个函数的连续小波变换等于各分量的小波变换之和.设 $W_{f_1}(a, b)$ 为 $f_1(t)$ 的小波变换,$W_{f_2}(a, b)$ 为 $f_2(t)$ 的小波变换,则有:

$$f(t) = \beta f_1(t) + \beta f_2(t)$$

$$W_f(a, b) = \alpha W_{f_1}(a, b) + \beta W_{f_2}(a, b) \qquad (3.11)$$

2) 平移和伸缩的共变性:若 $f(t)$ 的小波变换为 $W_f(a, b)$,则 $f(t - b_0)$ 的小波变换为 $W_f(a, b - b_0)$、$f(a_0 t)$ 的小波变换为 $a_0^{-1/2} W_f(a_0 a, a_0 b)$.

3) 自相似性:对应不同尺度和平移参数的小波变换之间是自相似的.

4) 冗余性:连续小波变换中存在信息表述的冗余度.

3.1.2 常用小波函数

与傅立叶变换相比,小波变换采用的小波函数是不唯一的,具有多样性.本章采用多种小波来检验所提出的基于小波变换的 ICA 方法的性能,下面对一些常用的小波函数作一简单介绍[134]:

(1) Haar 小波

Haar 函数是小波分析中最简单的一个,它具有紧支撑和正交性,其定义为:

$$\psi_H = \begin{cases} 1, & 0 \leqslant x \leqslant 1/2; \\ -1, & 1/2 \leqslant x \leqslant 1; \\ 0, & 其他 \end{cases} \qquad (3.12)$$

(2) Daubechies 小波系

Daubechies 函数是由 Ingrid Daubechies 构造的小波函数,表示形式为 db$N$,其中 db1 即为 Haar 小波. Daubechies 小波函数提供了比 Haar 函数更有效的分析和综合. 它具有正交性,且大多数具有对称性.

(3) Biorthogonal 小波系

Biorthogonal 小波系的主要特性是具有线性相位,主要用于信号与图像的重构. 通常采用一个函数进行分解(Decomposition),用另外一个函数进行重构(Reconstruction)其形式通常表示为 bior$Nr. Nd$,常用的有 bior2. 4 和 bior3. 4.

(4) Coiflet 小波系

Coiflet 小波表示为 coif$N$ 的形式,它具有比 db$N$ 更好的对称性. 从支撑长度的角度看,coif$N$ 具有和 db3 N 及 sym3 N 相同的支撑长度;从消失矩的数目来看,coif$N$ 具有和 db2 N 及 sym2 N 相同的消失矩数目.

(5) Symlets 小波系

Symlets 函数系是由 Daubechies 提出的近似对称的小波函数,它是对 db 函数的一种改进. 通常表示为 sym$N$ 的形式.

(6) Morlet 小波

Morlet 小波函数的尺度函数不存在,且不具有正交性,其定义为:

$$\psi(x) = Ce^{-x^2/2}\cos 5x \tag{3.13}$$

(7) Mexican Hat 小波

Mexican Hat 函数的尺度函数不存在,也不具有正交性,其定义为:

$$\psi(x) = \frac{2}{\sqrt{3}}\pi^{-1/4}(1-x^2)e^{-x^2/2} \tag{3.14}$$

它是高斯函数的二阶导数,在时域和频域都具有很好的局部化.

3.1.3 Mallat 算法和图像塔式分解

S. Mallat 于 1988 年提出了多分辨率分析的概念,在泛函分析的框架下,将此之前的所有正交小波基的构造方法统一起来,给出了构造小波正交基的一般方法,并提出了正交小波变换的快速算法,即Mallat 算法. 它在小波分析中的地位就相当于快速傅立叶变换 FFT在经典傅立叶分析中的地位[134].

Mallat 算法将函数 f 分解成不同的频率通道成分,并将每一频率通道成分又按相位进行了分解:频率越高,相位划分越细,反之则越疏. Mallat 算法不需要知道尺度函数和小波函数的具体结构,只有系数就可以实现函数 f 的分解和重构. 其分解过程如图 3.1(a)所示,重构过程如图 3.1(b)所示.

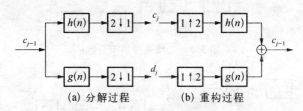

(a) 分解过程　　　　(b) 重构过程

图 3.1　小波变换的塔形分解和重构

其分解过程可表达为:

$$c_j = Hc_{j-1} \tag{3.15a}$$

$$d_j = Gc_{j-1} \tag{3.15b}$$

重构过程可表达为:

$$c_{j-1} = H^* c_j + G^* d_j \tag{3.16}$$

其中:

$$(H_a)_k = \sum_n h(n-2k)a_n \tag{3.17a}$$

$$(G_a)_k = \sum_n g(n-2k)a_n \tag{3.17b}$$

H^*、G^* 分别为 H 和 G 的对偶算子. H^* 和 G^*、H 和 G 分别构成了

正交镜像滤波器对. H 和 H^* 为低通滤波器, G 和 G^* 为高通滤波器.

二维多分辨率分解可描述为分别按 x, y 方向对信号进行一维小波变换的结果. 图 3.2 表示二维多分辨率分解,图 3.3 表示二维多分辨率重构.

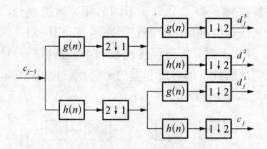

图 3.2   二维多分辨率分解

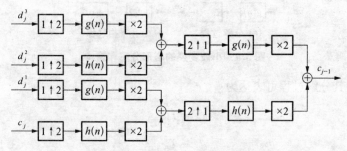

图 3.3   二维多分辨率分重构

采用 Mallat 算法可以实现图像的塔式分解和重构,在下面 3.2.3 小节中,将采用该方法对标准 Lena 图像进行分解,来说明小波域高频子图像的分布特性,分解结果可参考图 3.6(b).

3.2   基于小波变换的 ICA 方法

研究表明,小波域高频子图像的分布近似为拉普拉斯分布[135],具有更大的峭度. 而自然梯度算法的稳态误差,在一定条件下,与源信号峭度的平方成反比. 所以, 源信号的峭度越大, 分离的精确度越高. 考虑到小波变换是一线性变换, 因此, 本章将小波变换和自然梯度算法结合起来, 提出了一种基于二维小波变换的 ICA 方法. 该方法可以获得更高的分离精度和更快的收敛速度, 且能够有效地克服标准自然梯度算法易陷入局部极小的问题.

3.2.1 算法概述

由前面 2.4 节对 ICA 算法的性能分析可知, ICA 的性能与非线性函数的选择和源的概率密度分布有关. 为了改善 ICA 算法的性能, 通常的做法是根据源的概率密度的估计来选择合适的非线性函数, 使之尽量符合源的概率分布. 如 T. W. Lee[51] 等人提出了扩展 Infomax 算法, 分别对超高斯信号和亚高斯信号采用不同的非线性函数; H. Mathis[136] 采用自适应门限非线性函数, 通过两个参数来分别调整非线性函数的门限和幅度. 这些改善方法都需要对源信号的概率密度进行估计, 如果对源信号的概率密度估计不准确的话, 会严重影响 ICA 算法的性能, 甚至造成 ICA 算法无法收敛的结果.

本章从另一途径, 即从源的概率密度出发来改善 ICA 算法的性能. 研究表明, 近高斯分布的自然图像在小波域高频子带的分布近似为超高斯的拉普拉斯分布[135]. 如果我们将混合图像变换到二维小波域, 并对峭度更大的高频子图像进行 ICA 分解, 就可以获得更高的分离精度. 此外, 由于高频子图像的大小为源图像的四分之一, 因此 ICA 分离的计算量大大减小, 算法收敛的速度会更快. 与文献[137]相比, 本文将一维小波域在线自适应自然梯度算法推广到二维小波域离线批处理自然梯度算法, 并且通过理论分析和仿真实验证实该算法具有更高的分离精度和更快的收敛速度.

3.2.2 算法实现步骤

在给出算法步骤之前, 先讨论一下算法的可行性. 考虑到小波变换是一线性变换, 对式(2.2)和式(2.3)的两边分别进行小波变换, 并

忽略时刻 t 可得：

$$W(x) = W(As) = AW(s) \qquad (3.18)$$

$$W(y) = W(Wx) = WW(x) \qquad (3.19)$$

其中 $W(\cdot)$ 表示小波变换. 由此可见,如果将 $W(s)$、$W(x)$ 和 $W(y)$ 分别当作新的源信号、混合信号和分离信号,则时域的混合矩阵 A 和分离矩阵 W 与小波域的 A 和 W 是一致的. 因此,在小波域得到的分离矩阵可直接用来分解原混合信号,从而得到原始信号,无需对小波域分离信号 $W(y)$ 求反变换.

采用该算法进行混合图像分离的流程如图 3.4 所示,具体实现步骤如下：

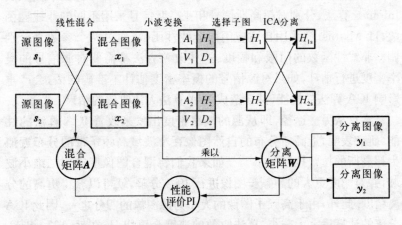

图 3.4　小波域图像盲分离的算法流程图

（1）x 的每一行代表一幅混合图像,将 x 按行还原成 M 幅图像,分别进行二维小波变换得到 $4M$ 幅子图像,其中 M 幅为低频子图像,$3M$ 幅为高频子图像；

（2）选择某一方向（水平,垂直或对角方向）的 M 幅高频子图像,将其按行堆叠成矩阵形式 $\tilde{x}$,采用自然梯度算法对 $\tilde{x}$ 进行 ICA 分解,得到分离矩阵 $\tilde{W}$ 和行向量相互独立的分离图像矩阵 $\tilde{y}$；

（3）分离矩阵 $\widetilde{W}$ 乘以时域混合图像矩阵 x 得到时域分离图像矩阵 $y = \widetilde{W}x$，将 y 的每一行都还原成二维的图像形式就可以得到 M 幅独立的分离图像.

3.2.3 小波域高频子图像的概率分布特性

下面分析二维小波域高频子图像的概率分布及其峭度，并以标准图像 Lena 为例，给出其直方图和峭度以及小波域子图像的直方图和峭度.

通常图像的概率分布为近似高斯分布，而小波域高频子图像的概率分布近似为拉普拉斯分布，拉普拉斯分布是一种超高斯分布，具有更大的峭度. 两参数拉普拉斯分布的概率密度公式的定义为[135]：

$$p(y) = \frac{\beta}{2\alpha\Gamma\left(\frac{1}{\beta}\right)} e^{-|y/\alpha|^{\beta}} \tag{3.20}$$

其中 $\Gamma(x) = \int_0^{\infty} t^{x-1} e^{-t} dt$ 是伽马函数，拉普拉斯分布的一阶绝对原点矩为：

$$m_1 = \int_{-\infty}^{+\infty} |y| p(y) dy = \frac{\beta}{\alpha\Gamma\left(\frac{1}{\beta}\right)} \int_0^{+\infty} y e^{-(y/\alpha)^{\beta}} dy = \frac{\alpha\Gamma\left(\frac{2}{\beta}\right)}{\Gamma\left(\frac{1}{\beta}\right)}$$

$$\tag{3.21}$$

上式采用了换元法，同理可得二阶绝对原点矩（方差）为：

$$m_2 = \int_{-\infty}^{+\infty} |y|^2 p(y) dy = \frac{\alpha^2\Gamma\left(\frac{3}{\beta}\right)}{\Gamma\left(\frac{1}{\beta}\right)} \tag{3.22}$$

由(3.21)式和(3.22)式消去 α 可得：

$$\frac{m_1^2}{m_2} = \frac{\Gamma^2\left(\frac{2}{\beta}\right)}{\Gamma\left(\frac{1}{\beta}\right)\Gamma\left(\frac{3}{\beta}\right)} \tag{3.23}$$

令：

$$F(\beta) = \frac{\Gamma^2\left(\frac{2}{\beta}\right)}{\Gamma\left(\frac{1}{\beta}\right)\Gamma\left(\frac{3}{\beta}\right)} \tag{3.24}$$

代入(3.23)得：

$$\beta = F^{-1}\left(\frac{m_1^2}{m_2}\right) \tag{3.25}$$

其中函数 $F^{-1}(x)$ 的形状如图 3.5 所示. 由(3.21)式可得：

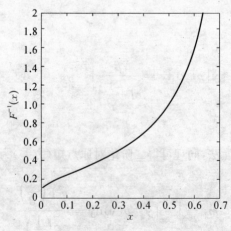

图 3.5　函数 $F^{-1}(x)$

$$\alpha = \frac{m_1 \Gamma\left(\frac{1}{\beta}\right)}{\Gamma\left(\frac{2}{\beta}\right)} \tag{3.26}$$

因此，通过计算图像的一阶绝对原点矩 m_1 和方差 m_2 就可以根据 (3.25) 式和 (3.26) 式估计出参数 α 和 β，从而可以得到该图像估计的拉普拉斯分布.

下面以标准图像 Lena 为例来说明图像在小波域的概率分布特性. 图 3.6 为 Lena 原始图像及其小波塔式分解的结果，其中小波采用 bior3.4 小波，尺度为 1.

(a) Lena 原始图像　　　　(b) Lena 图像的小波塔式分解(尺度为1)

图 3.6　Lena 原始图像及其小波塔式分解

图 3.7(a) 给出了 Lena 图像高频子图像的对数分布及其估计，图 3.7(b) 给出了 Lena 原始图像及其小波域四个子图像(低频、水平、垂直和对角)的直方图分布和归一化峭度，图 3.7(c) 给出了收敛特性 PI 曲线，归一化峭度的定义如下：

$$\text{kurt}(x) = \frac{E\{(x-\overline{x})^4\}}{[E\{(x-\overline{x})^2\}]^2} - 3 \tag{3.27}$$

其中，$\overline{x}$ 为 x 的期望，即 $\overline{x} = E\{x\}$.

从上图可以看出，Lena 原始图像及其小波域低频子图像的峭度分别为 2.15 和 2.18，而三个小波域高频子图像的峭度分别为 20.4、19.9 和 19.6，增加了将近 10 倍，通过实验发现，其他自然图像也有类似的性质.

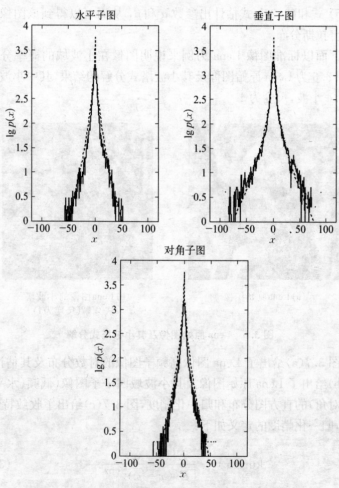

图 3.7(a)　Lena 图像高频子图像的对数分布及其估计

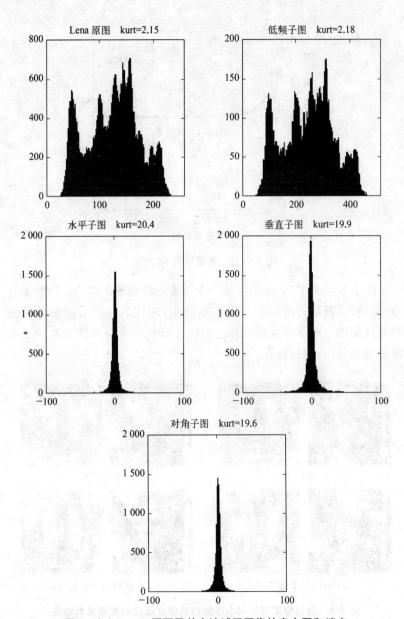

图 3. 7(b)　Lena 原图及其小波域子图像的直方图和峭度

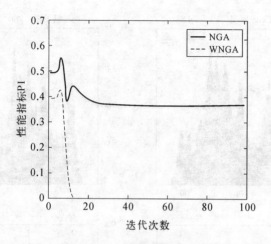

图 3.7(c)　收敛特性 PI 曲线

　　图 3.8 给出了 Lena 图像的三个小波域高频子图像的对数概率分布（实线）及其估计的对数拉普拉斯分布（虚线），可以看出估计的分布与真实的分布非常接近. 因此，采用拉普拉斯分布来估计高频子图像的概率分布是可行的.

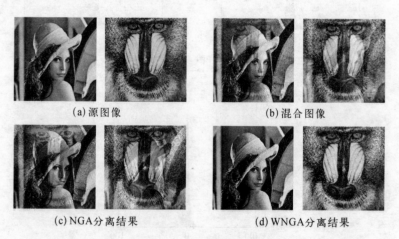

(a) 源图像　　　　　　　　　　　(b) 混合图像

(c) NGA 分离结果　　　　　　　(d) WNGA 分离结果

图 3.8　自然梯度算法和小波域自然梯度算法的图像分离结果

通过以上分析可知,自然图像在小波域中的高频子图像的峭度比原始图像的峭度大很多,在下面的 3.3.1 小节中我们将通过分析自然梯度算法的稳态误差,得出源信号的峭度越大 ICA 的分离精度越高的结论,所以对小波域高频子图像进行 ICA 分离可以获得更高的精度.

3.3 两种小波域学习算法的性能分析

本节采用误差扰动法对自然梯度算法的精确度进行分析,并得出结论:在源信号的概率密度分布相同,且非线性函数取 tanh 函数时,自然梯度算法的稳态误差与源信号峭度的平方成反比,因此对小波域高频子图像采用自然梯度算法进行分离可以获得更高的分离精度. 此外,对 FastICA 算法的收敛性能也进行了分析,结论是其收敛速度与源信号的峭度无关. 由于小波域高频子图像的大小为源图像的四分之一,因此在小波域上这两种学习算法的收敛速度都会明显提高.

3.3.1 小波域自然梯度算法的性能分析

自然梯度算法(NGA)的缺点是收敛精确度不高,且易陷入局部极小. 为了克服这些缺点,提高算法的性能,我们提出了一种新的小波域自然梯度算法——WNGA 法. 下面从误差扰动的角度出发,对离线批处理的自然梯度算法的精确度进行详细的分析,结合文献[2]和[138]的分析,得出如下定理:

定理 3.1 在源信号概率密度分布相同,且非线性函数取 tanh 函数时,自然梯度算法的稳态误差与源信号的峭度的平方成反比.

证明 将(2.58a)式中的期望 $E\{\cdot\}$ 用求均值的形式代替可得到离线批处理方式的自然梯度算法的迭代公式为:

$$W(k+1) = W(k) + \alpha(k)\left[I - \frac{1}{T}\sum_{t=1}^{T}\varphi(y(t))y^T(t)\right]W(k)$$

$$(3.28)$$

其中 T 为预先得到的观察信号的维数,对二维图像而言,T 即为图像的像素个数. 采用(3.28)式进行迭代计算,可求得的分离矩阵 $\hat{W}$ 则在理想情况下有 $\hat{W}A = 1$,但实际情况会有一定的偏差,不妨设 $\hat{W}A = I + \varepsilon$,其中 ε 是一个 $M \times M$ 维的偏差矩阵,M 为混合信号的个数,则有:

$$y_i(t) = s_i(t) + \sum_{k=1}^{M} \varepsilon_{ik} s_k(t) \tag{3.29}$$

其中 $s_i(t)$ 为第 i 个独立的源信号,$i = 1, 2, \cdots, M$,$y_i(t)$ 为其估计. 若 $\varepsilon_{ij} = 0$,$\forall i, j$,则 $y_i(t) = s_i(t)$,$\forall i$,即分离信号与源信号相同;若 $\varepsilon_{ij} \neq 0$,$i \neq j$,则存在偏差,ε_{ij} 越大表示 $s_j(t)$ 信号对分离的 $s_i(t)$ 信号的干扰越严重. 若 $\varepsilon_{ii} \neq 0$,$\forall i$,则表示 $s_i(t)$ 对自身的干扰,由于 ICA 存在幅度不确定性,且 ε_{ii} 较小,因此可以不予考虑.

(3.29)式两边取非线性函数 $\varphi(\cdot)$,可得:

$$\varphi(y_i(t)) = \varphi(s_i(t)) + \varphi'(s_i(t)) \sum_{k=1}^{M} \varepsilon_{ik} s_k(t) \tag{3.30}$$

由迭代公式(3.28)式可知,在理想情况下,通过迭代计算当 $W(k)$ 收敛后有:

$$\frac{1}{T} \sum_{t=1}^{T} \varphi(\mathbf{y}(t)) \mathbf{y}^{\mathrm{T}}(t) = \mathbf{I} \tag{3.31a}$$

即:

$$\hat{E}\{\varphi(y_i(t)) y_j(t)\} = \begin{cases} 1, & i = j \\ 0, & i \neq j \end{cases} \tag{3.31b}$$

其中,$\hat{E}\{\cdot\}$ 为时间平均算子,即 $\hat{E}\{x(t)\} = \frac{1}{T} \sum_{t=1}^{T} x(t)$,将(3.29)式和(3.30)式代入(3.31b)式,并忽略 ε_{ij} 的二次幂项(因为 ε_{ij} 较小)可得:当 $i \neq j$ 时,

$$-\hat{E}\{\varphi(s_i(t))s_j(t)\} \approx \sum_{k=1}^{M}\hat{E}\{\varphi(s_i(t))s_k(t)\}\varepsilon_{jk} +$$

$$\sum_{k=1}^{M}\hat{E}\{\varphi'(s_i(t))s_j(t)s_k(t)\}\varepsilon_{ik} \tag{3.32}$$

上式右边的 $\hat{E}\{\cdot\}$ 可用 $E\{\cdot\}$ 代替,因为它们只相差一个小量,再乘上小量 ε_{ij} 或 ε_{ji} 后可以忽略. 考虑到 $s_i(t)$,$i=1,\cdots,M$ 相互独立,且源信号已白化处理过,其均值为零,方差为1,即满足 $E\{s_i(t)\}=0$ 和 $E\{s_i^2(t)\}=1$,因此(3.32)式可化简为:

$$-\hat{E}\{\varphi(s_i(t))s_j(t)\} \approx E\{\varphi(s_i(t))s_i(t)\}\varepsilon_{ji} + E\{\varphi'(s_i(t))\}\varepsilon_{ij}$$
$$\tag{3.33}$$

下面研究 ε_{ij} 和 ε_{ji} 的统计特性,只要求出其方差就可以描述自然梯度算法的精确度. 为讨论方便省略各信号的时间变量 t,并将上式写成矩阵形式:

$$\boldsymbol{\Omega}_{ij} = \boldsymbol{H}_{ij}\boldsymbol{\varepsilon}_{ij}, \ 1 \leqslant i < j \leqslant M \tag{3.34a}$$

其中:

$$\begin{cases}\boldsymbol{\Omega}_{ij} = [-\hat{E}\{\varphi(s_i)s_j\}, -\hat{E}\{\varphi(s_j)s_i\}]^{\mathrm{T}} \\ \boldsymbol{H}_{ij} = \begin{bmatrix} E\{\varphi'(s_i)\} & E\{\varphi(s_i)s_i\} \\ E\{\varphi(s_j)s_j\} & E\{\varphi'(s_j)\} \end{bmatrix} \\ \boldsymbol{\varepsilon}_{ij} = [\varepsilon_{ij}, \varepsilon_{ji}]^{\mathrm{T}} \end{cases} \tag{3.34b}$$

其中 $\boldsymbol{\Omega}_{ij}$ 和 $\boldsymbol{\varepsilon}_{ij}$ 的元素为随机变量,$\boldsymbol{H}_{ij}$ 的元素为常数.

下面计算 $\boldsymbol{\varepsilon}_{ij}$ 的方差,由(3.34a)式可得:

$$E\{\boldsymbol{\Omega}_{ij}\boldsymbol{\Omega}_{ij}^{\mathrm{T}}\} = E\{\boldsymbol{H}_{ij}\boldsymbol{\varepsilon}_{ij}\boldsymbol{\varepsilon}_{ij}^{\mathrm{T}}\boldsymbol{H}_{ij}^{\mathrm{T}}\} = \boldsymbol{H}_{ij}E\{\boldsymbol{\varepsilon}_{ij}\boldsymbol{\varepsilon}_{ij}^{\mathrm{T}}\}\boldsymbol{H}_{ij}^{\mathrm{T}} \tag{3.35}$$

若 $\boldsymbol{H}_{ij}$ 非奇,则

$$E\{\boldsymbol{\varepsilon}_{ij}\boldsymbol{\varepsilon}_{ij}^{\mathrm{T}}\} = \boldsymbol{H}_{ij}^{-1}E\{\boldsymbol{\Omega}_{ij}\boldsymbol{\Omega}_{ij}^{\mathrm{T}}\}\boldsymbol{H}_{ij}^{-\mathrm{T}} \tag{3.36}$$

由(3.34b)式可得:

$$E\{\boldsymbol{\Omega}_{ij}\,\boldsymbol{\Omega}_{ij}^{\mathrm{T}}\} = \frac{1}{T}\begin{bmatrix} E\{\varphi^2(s_i)\} & E\{\varphi(s_i)s_i\}E\{\varphi(s_j)s_j\} \\ E\{\varphi(s_j)s_j\}E\{\varphi(s_i)s_i\} & E\{\varphi^2(s_j)\} \end{bmatrix}$$

(3.37)

将 $\varphi(x) = \tanh(x)$ 按幂级数展开得：$\varphi(x) \approx x - \frac{1}{3}x^3$，其导数为：$\varphi'(x) \approx 1-x^2$，代入 $E\{\varphi'(s_i)\}$，并考虑 $E\{s_i^2(t)\} = 1$，得：

$$E\{\varphi'(s_i)\} \approx E\{1-s_i^2\} = 1 - E\{s_i^2\} = 0 \qquad (3.38)$$

考虑源信号的概率密度分布相同时的简单情况，即有 $E\{\varphi^2(s_j)\} = E\{\varphi^2(s_i)\}$，$E\{\varphi'(s_j)\} = E\{\varphi'(s_i)\}$ 和 $E\{\varphi(s_j)s_j\} = E\{\varphi(s_i)s_i\}$，其中 $i \neq j$. 将(3.34b)式和(3.37)式代入(3.36)式，并化简得：

$$\begin{bmatrix} E\{\varepsilon_{ij}^2\} & E\{\varepsilon_{ij}\varepsilon_{ji}\} \\ E\{\varepsilon_{ji}\varepsilon_{ij}\} & E\{\varepsilon_{ji}^2\} \end{bmatrix} = \frac{1}{T}\begin{bmatrix} \dfrac{E\{\varphi^2(s_i)\}}{E^2\{\varphi(s_i)s_i\}} & 1 \\ 1 & \dfrac{E\{\varphi^2(s_i)\}}{E^2\{\varphi(s_i)s_i\}} \end{bmatrix}$$

(3.39)

由此可得 ε_{ij} 和 ε_{ji} 的方差为：

$$\sigma_{\varepsilon_{ij}}^2 = \sigma_{\varepsilon_{ji}}^2 = \frac{1}{T}\cdot\frac{E\{\varphi^2(s_i)\}}{E^2\{\varphi(s_i)s_i\}} = \frac{1}{T}\cdot\frac{E\{s_i^6\}-6E\{s_i^4\}+9}{(E\{s_i^4\}-3)^2}$$

(3.40)

因为 $E\{s_i^2(t)\} = 1$，所以 s_i 的峭度为 $\mathrm{kurt}(s_i) = E\{s_i^4\}-3$，代入上式得：

$$\sigma_{\varepsilon_{ij}}^2 = \sigma_{\varepsilon_{ji}}^2 = \frac{1}{T}\cdot\frac{E\{s_i^6\}-6E\{s_i^4\}+9}{(\mathrm{kurt}(s_i))^2} \qquad (3.41)$$

由此可以得出结论：当源信号 s_i 的概率密度分布相同，且非线性

函数取 $\varphi(\boldsymbol{y}(t)) = \tanh(\boldsymbol{y}(t))$ 时，ε_{ij} 的方差 $\sigma^2_{\varepsilon_{ij}}$ 与 $(\mathrm{kurt}(s_i))^2$ 成反比，即自然梯度算法的稳态误差与源信号峭度的平方成反比.

证毕

由上述定理 3.1 可知，在一定条件下，源信号的峭度越大，自然梯度算法的分离精度越高. 结合 3.2 节的结论：小波域高频子图像的峭度比原始图像的峭度大很多. 因此，小波域自然梯度算法可以获得更高的分离精度.

下面我们对另外一种常用的学习算法——FastICA 算法的收敛性能进行分析，并得出结论：小波域 FastICA 的分离精度不会提高，但收敛速度会更快.

3.3.2 小波域 FastICA 算法的性能分析

FastICA 算法的提出者 A. Hyvärinen 和 E. Oja 在文献[139]中以输出信号的峭度为目标函数，导出了 FastICA 算法的分离矩阵的迭代公式. 下面我们从 FastICA 算法的一般迭代公式(2.75)式出发，推导出非线性函数为 $g(x) = \tanh(x)$ 时分离矩阵的迭代公式，并采用误差扰动法导出 FastICA 算法的收敛速度与源信号的峭度无关这一结论.

设源信号为 $\boldsymbol{s}$，混合信号为 $\boldsymbol{x} = \boldsymbol{As}$，白化处理后的信号为 $\boldsymbol{z} = \boldsymbol{Vx} = \boldsymbol{VAs}$，输出信号为 $\boldsymbol{y} = \boldsymbol{Wz} = \boldsymbol{WVAs}$，令 $\boldsymbol{B} = \boldsymbol{WVA}$，则有 $\boldsymbol{y} = \boldsymbol{Bs}$.

考虑 FastICA 算法需要进行白化处理，重写迭代公式(2.75)式如下：

$$\boldsymbol{w}_i(k+1) = E\{\boldsymbol{z}g(\boldsymbol{w}_i^{\mathrm{T}}(k)\boldsymbol{z})\} - E\{g'(\boldsymbol{w}_i^{\mathrm{T}}(k)\boldsymbol{z})\}\boldsymbol{w}_i(k)$$

$$(3.42)$$

其中 $\boldsymbol{W} = [\boldsymbol{w}_1, \boldsymbol{w}_2, \cdots, \boldsymbol{w}_M]^{\mathrm{T}}$，$M$ 为混合信号个数，$\boldsymbol{w}_i$ 为列向量.

考虑非线性函数 $g(x) = \tanh(x)$ 的情况，将其按幂级数展开得：$g(x) \approx x - \dfrac{1}{3}x^3$，其导数为：$g'(x) \approx 1 - x^2$，代入(3.42)式得到 $\boldsymbol{w}_i$

的迭代公式为：

$$w_i(k+1) = E\{z[w_i^T(k)z - \frac{1}{3}(w_i^T(k)z)^3]\} -$$

$$E\{1 - (w_i^T(k)z)^2\}w_i(k) \tag{3.43}$$

将 B 写成向量形式：$B = [b_1, b_2, \cdots, b_M]^T$，其中 $b_i^T = w_i^T VA$，两边右乘 s 得：

$$b_i^T s = w_i^T VAs = w_i^T z \tag{3.44}$$

因为白化处理后有 $(VA)(VA)^T = I$，所以有：

$$(VA)^T z = (VA)^T VAs = s \tag{3.45}$$

将(3.43)式两边左乘 $(VA)^T$，并考虑(3.44)式和(3.45)式,得：

$$b_i(k+1) = E\{s[b_i^T(k)s - \frac{1}{3}(b_i^T(k)s)^3]\} -$$

$$E\{1 - (b_i^T(k)s)^2\}b_i(k) \tag{3.46}$$

为了消除幅度不确定性的影响,对混合信号进行了白化预处理,且输出信号的方差也归一化为 1,即 $E\{(b_i^T s)^2\} = E\{y_i^2\} = 1$，所以上式右边第二项为零,则上式可化简为：

$$b_i(k+1) = E\{sb_i^T(k)s\} - \frac{1}{3}E\{s(b_i^T(k)s)^3\} \tag{3.47}$$

将上式中的 b_i 和 s 写成向量形式,即 $b_i = [b_{i1}, b_{i2}, \cdots, b_{iM}]^T$，$s = [s_1, s_2, \cdots, s_M]^T$ 则有：

$$\begin{bmatrix} b_{i1}(k+1) \\ b_{i2}(k+1) \\ \vdots \\ b_{iM}(k+1) \end{bmatrix} = E\left\{ \begin{bmatrix} s_1 \\ s_2 \\ \vdots \\ s_M \end{bmatrix} [b_{i1}(k), b_{i2}(k), \cdots, b_{iM}(k)] \begin{bmatrix} s_1 \\ s_2 \\ \vdots \\ s_M \end{bmatrix} \right\}$$

$$\frac{1}{3}E\left\{\left[\begin{matrix}s_1\\s_2\\\vdots\\s_M\end{matrix}\right]\left[b_{i1}(k),b_{i2}(k),\cdots,b_{iM}(k)\right]\left[\begin{matrix}s_1\\s_2\\\vdots\\s_M\end{matrix}\right]^3\right\}$$

(3.48)

将上式展开,得到 $\boldsymbol{b}_i(k+1)$ 的第 j 个分量 $b_{ij}(k+1)$ 为:

$$b_{ij}(k+1)=E\left\{s_j\sum_l b_{il}(k)s_l\right\}-\frac{1}{3}E\left\{s_j\left[\sum_l b_{il}^3(k)s_l^3+\right.\right.$$

$$3\sum_{l\neq m}b_{il}^2(k)s_l^2 b_{im}(k)s_m+6\sum_{l\neq m\neq n}b_{il}(k)s_l b_{im}(k)s_m b_{in}(k)s_n\left.\left.\right]\right\}$$

(3.49)

因源信号相互独立,有 $E\{s_j^2\}=E\{s_j^2 s_l^2\}=1$, $E\{s_j s_l^3\}=E\{s_j s_l s_m^2\}=E\{s_j s_l s_m s_n\}=0$,其中 j,l,m,n 互不相等,因此(3.49)式可化简为:

$$b_{ij}(k+1)=b_{ij}(k)-\frac{1}{3}\left[b_{ij}^3(k)E\{s_j^4\}+3\sum_{l\neq j}b_{il}^2(k)b_{ij}(k)\right]$$

(3.50)

考虑到 $\boldsymbol{b}_i(k)$ 归一化处理过,有 $\|\boldsymbol{b}_i(k)\|=1$,即 $\sum_l b_{il}^2(k)=1$,所以有:

$$b_{ij}(k)=\sum_l b_{il}^2(k)b_{ij}(k)=b_{ij}^3(k)+\sum_{l\neq j}b_{il}^2(k)b_{ij}(k) \quad (3.51)$$

将上式代入(3.50)式,得到 b_{ij} 的迭代公式:

$$b_{ij}(k+1)=-\frac{1}{3}\left[b_{ij}^3(k)E\{s_j^4\}-3b_{ij}^3(k)\right]=-\frac{1}{3}\mathrm{kurt}(s_j)b_{ij}^3(k)$$

(3.52)

其中 $\mathrm{kurt}(s_j)=E\{s_j^4\}-3$ 为源信号 s_j 的峭度.

上文从 FastICA 的一般迭代公式出发,导出了非线性函数取 $g(x) = \tanh(x)$ 时的迭代公式(3.52)式,与文献[48]从峭度出发导出的迭代公式只相差一个负的系数,由于每次迭代后 $b_i(k+1)$ 都要进行归一化处理,因此两者在本质上是一致的.

下面采用误差扰动法来分析上述迭代公式(3.52)式的收敛特性. 由 2.1.4 小节的分析可知,当 B 为单位矩阵 I 时,分离信号与源信号一致,实际上由于 ICA 不确定性的影响,B 为一个广义置换阵. 为了分析方便,我们考虑 $B = I$ 的情况,这不影响对算法性能的分析. 与上一小节类似,假设在第 k 步迭代时存在一个偏差(扰动)ε,即 $B = I + \varepsilon$,其元素为:

$$b_{ij}(k) = \delta_{ij} + \varepsilon_{ij}(k) \tag{3.53}$$

其中:

$$\delta_{ij} = \begin{cases} 1 & i = j \\ 0 & i \neq j \end{cases}, i = 1, 2, \cdots, M, j = 1, 2, \cdots, M \tag{3.54}$$

将(3.53)式代入(3.52)式,并记 ε_{ij} 的三次小量为 $O(\varepsilon_{ij}^3)$,则:

$$b_{ij}(k+1) = -\frac{1}{3}\text{kurt}(s_j)[\delta_{ij} + \varepsilon_{ij}(k)]^3$$

$$= -\frac{1}{3}\text{kurt}(s_j)[\delta_{ij}^3 + 3\delta_{ij}^2\varepsilon_{ij}(k) + 3\delta_{ij}\varepsilon_{ij}^2(k)] + O(\varepsilon_{ij}^3) \tag{3.55}$$

因为 $\delta_{ij} = 0, i \neq j$,所以(3.55)式中 $b_{ij}(k+1)$ 为对角阵,令 $\varepsilon = \text{diag}(\varepsilon_{11}, \varepsilon_{22}, \cdots, \varepsilon_{MM})$,$K = \text{diag}(\text{kurt}(s_1), \text{kurt}(s_2), \cdots, \text{kurt}(s_M))$,则(3.55)式可写成矩阵形式:

$$B(k+1) = -\frac{1}{3}K(I + 3\varepsilon + 3\varepsilon^2) + O(\varepsilon^3) \tag{3.56}$$

由 (2.80) 式可知, 当考虑白化处理时, $\boldsymbol{W}$ 的归一化公式为 $\boldsymbol{W} = (\boldsymbol{W}\boldsymbol{W}^{\mathrm{T}})^{-1/2}\boldsymbol{W}$, 结合 $\boldsymbol{B} = \boldsymbol{W}\boldsymbol{V}\boldsymbol{A}$ 可得 $\boldsymbol{B}$ 的归一化公式为:

$$\boldsymbol{B} = (\boldsymbol{B}\boldsymbol{B}^{\mathrm{T}})^{-1/2}\boldsymbol{B} \tag{3.57}$$

由 (3.56) 式可得:

$$\boldsymbol{B}(k+1)\boldsymbol{B}^{\mathrm{T}}(k+1^2) = \frac{1}{9}\boldsymbol{K}^2(\boldsymbol{I} + 6\varepsilon + 15\varepsilon^2) + O(\varepsilon^3) \tag{3.58}$$

采用待定系数法, 可由 (3.58) 式求得:

$$\left[\boldsymbol{B}(k+1)\boldsymbol{B}^{\mathrm{T}}(k+1^2)\right]^{-\frac{1}{2}} = 3\boldsymbol{K}^{-1}(\boldsymbol{I} - 3\varepsilon + 6\varepsilon^2) + O(\varepsilon^3) \tag{3.59}$$

上式代入 (3.57) 式, 得到归一化后的 $\boldsymbol{B}(k+1)$ 为:

$$\boldsymbol{B}(k+1) = \left[3\boldsymbol{K}^{-1}(\boldsymbol{I} - 3\varepsilon + 6\varepsilon^2) + O(\varepsilon^3)\right]\left[-\frac{1}{3}\boldsymbol{K}(\boldsymbol{I} + 3\varepsilon + 3\varepsilon^2) + O(\varepsilon^3)\right]$$

$$= -(\boldsymbol{I} + 3\varepsilon + 3\varepsilon^2)(\boldsymbol{I} - 3\varepsilon + 6\varepsilon^2) + O(\varepsilon^3)$$

$$= -\boldsymbol{I} + O(\varepsilon^3) \tag{3.60}$$

由此可见, FastICA 算法的误差是以三次方的速度减小的, 所以 FastICA 算法的收敛速度非常快. 注意到在 (3.60) 式中源信号的峭度 $\boldsymbol{K}$ 消失了, 也就是说, 当非线性函数 $g(\cdot)$ 取 tanh 函数时, FastICA 算法的收敛性能与源信号的峭度无关. 虽然 (3.60) 式中单位矩阵 $\boldsymbol{I}$ 前有一负号, 但考虑到 ICA 的符号不确定性, 该负号不会对收敛特性产生影响.

综上所述, FastICA 算法的收敛速度与源信号的峭度无关. 因此, 小波域 FastICA 算法的性能不会因为小波域高频子图像峭度的增大而有所改善. 但是, 由于小波域高频子图像的大小为源图像的四分之一, 计算量大大减少, 因此小波域 FastICA 算法的收敛速度也会明显提高.

3.4 比较实验和分析

下面通过两个比较实验来检验小波域自然梯度算法和小波域 FastICA 算法的性能.实验一证实小波域自然梯度算法可以获得更高的分离精度,且有效地克服了标准自然梯度算法不易收敛的问题.实验二证实在相同分离精度的条件下,小波域 FastICA 算法与标准 FastICA 算法相比,可以获得更快的收敛速度.

3.4.1 实验一:小波域自然梯度算法的比较实验

本实验采用 6 幅标准灰度图像 Lena、Baboon、Bridge、House、Lake 和 Boat 进行小波域 NGA 的图像盲分离实验,依次标号为 $1 \sim 6$,图像大小为 256×256,学习率取 $\eta(k) = 5/k$,非线性函数取 tanh 函数.在衡量 ICA 分离性能时,采用(2.101)式的性能指标 PI,PI 值越小表示分离性能越好,当 $PI = 0$ 时表示信号完全分离.

首先给出一次具体实验的结果,选择图像对 $(1,2)$(即标准图像 Lena 和 Baboon),选择水平方向的高频子图像,小波变换采用 bior3.4 小波,分解尺度为 1.所得分离性能 PI 与迭代次数的关系曲线如图 3.7 所示,其中实线为标准自然梯度算法(NGA),虚线为本章提出的小波域自然梯度算法(WNGA).可以看出前者没有收敛到理想状态,分离性能很差;后者收敛速度很快,分离性能很好.

本次实验的结果如图 3.8 所示,可以看出 WNGA 法的分离效果要比 NGA 法的分离效果好很多.本次实验中混合矩阵 A 和初始分离矩阵 $W(0)$ 分别为:

$$A = \begin{pmatrix} 0.7 & 0.3 \\ 0.3 & 0.7 \end{pmatrix}, W(0) = \begin{pmatrix} 0.4 & 0.2 \\ 0.6 & 0.8 \end{pmatrix}$$

为了进一步检验 WNGA 法的分离性能,我们针对不同情况(选择不同方向高频子图像、不同小波函数、不同分解尺度和不同图像个数)

做了一系列实验,并对结果进行了比较. 在实验中发现,如果采用 NGA 直接对混合图像进行分离,很容易出现图 3.7 所示的不收敛情况,即陷入局部极小的情况;而采用本章方法则极少出现不收敛的情况,有效地避免了算法陷入局部极小. 为此,在表 3.1~3.4 中只给出 WNGA 法的实验结果. 其中混合矩阵和初始分离矩阵都是随机选取的,为了提高数据的可靠性,表 3.1~3.4 中的数据均为 10 次实验的平均值.

表 3.1 为采用 harr 小波,尺度为 1,选择不同方向高频子图像时 WNGA 法的分离性能,表中的数据为性能指标 PI 达到 0.001 时的迭代次数. 这三种方向的平均迭代次数分别为:水平方向为 19.4,垂直方向为 20.5,对角方向为 25.3,因此选择水平方向子图像进行 ICA 分离通常可以获得更好的分离性能.

表 3.1 采用不同方向高频子图像时的分离性能

图像对	1,2	1,3	1,4	1,5	1,6	2,3	2,4	2,5	2,6	3,4	3,5	3,6	4,5	4,6	5,6
水平 H	18	23	18	26	18	23	19	21	18	20	20	17	14	20	16
垂直 V	20	30	17	21	18	26	18	30	16	17	26	16	17	17	19
对角 D	18	27	32	37	26	26	26	37	18	30	29	17	26	19	17

表 3.2 为采用 harr,bior3.4,coif3 和 sym4 等四种不同小波时 WNGA 法的分离性能,其中高频子图像选择水平方向,其他参数的选择方法同表 3.1. 这四种小波的平均迭代次数分别为 19.4,23.4,21.3 和 23.2,因此在这四种小波中 harr 小波的分离性能较好.

表 3.2 采用不同小波时的分离性能

图像对	1,2	1,3	1,4	1,5	1,6	2,3	2,4	2,5	2,6	3,4	3,5	3,6	4,5	4,6	5,6
harr	18	23	18	26	18	23	19	21	18	20	20	17	14	20	16
bior3.4	21	30	20	29	22	30	18	37	20	18	28	20	15	20	23
coif3	19	26	16	28	19	36	15	32	17	16	24	16	16	21	18
sym4	24	32	18	22	30	34	20	27	22	19	30	16	21	22	26

表 3.3 为采用不同分解尺度时 WNGA 法的分离性能,其中高频
子图像选择水平方向,其他参数的选择方法同表 3.1.这三种尺度的
平均迭代次数分别为 19.4,23.0 和 30.6,因此选择尺度 1 可以获得
更好的分离性能.

表 3.3　采用不同尺度时的分离性能

图像对	1,2	1,3	1,4	1,5	1,6	2,3	2,4	2,5	2,6	3,4	3,5	3,6	4,5	4,6	5,6
尺度 1	18	23	18	26	18	23	19	21	18	20	20	17	14	20	16
尺度 2	16	59	17	24	12	70	16	26	21	13	21	16	13	23	15
尺度 3	22	92	15	23	28	99	14	17	29	12	25	22	11	28	22

表 3.4 为采用不同图像个数时 WNGA 法的平均分离性能,其中
高频子图像选择水平方向,其他参数的选择方法同表 3.1.在计算平
均迭代次数时,忽略少数难以收敛的情况.从表中的数据可以看出,
图像个数为 2 时的分离效果最好.

表 3.4　采用不同图像个数时的平均分离性能

图 像 个 数	2	3	4
平均迭代次数	19.4	27.0	33.5

3.4.2　实验二:小波域 FastICA 算法的比较实验

本实验采用 2 幅标准灰度图像 Lena、Baboon 进行小波域
FastICA 算法的图像盲分离实验,其中图像大小为 256×256,混合矩
阵 A 和初始分离矩阵 $W(0)$ 同实验一,小波域 FastICA 算法选择 harr
小波、水平方向高频子图像、变换尺度为 1.在衡量 ICA 分离性能时,
同样采用(2.101)式的性能指标 PI.

为了叙述方便,称小波域 FastICA 算法为 WFastICA 法.表 3.5
为分离性能指标 PI 达到 0.001 时,标准 FastICA 法与 WFastICA 法

的性能对比.

从表3.5可以看出,WFastICA法提取第一个独立图像所需的平均迭代次数比FastICA法约少2.6次,WFastICA法的平均收敛速度要比FastICA法快一倍左右. 对于其他图像同样可以获得类似的结果,限于篇幅,不再给出具体的实验数据.

表3.5　采用不同图像个数时的平均分离性能

	FastICA	WFastICA
提取第一个独立图像的 平均迭代次数/次	9.6	7.0
提取第二个独立图像的 平均迭代次数/次	2	2
平均收敛时间/s	1.616	0.837 (含小波变换时间 0.461 s)

因此,WFastICA法虽然不会因为峭度的提高而改善收敛的性能,但是由于小波域高频子图像的大小为源图的1/4,计算量大大减少,因此在同样收敛精度要求的条件下,收敛速度明显提高. 即使将小波变换所需的额外时间考虑在内,WFastICA法的收敛时间也只有FastICA法的一半左右.

3.5　本章小结

本章提出了一种基于二维小波变换的ICA方法. 对小波域自然梯度算法的精确度进行了详细的分析,得出以下结论:在源信号的概率密度分布相同,且非线性函数取tanh函数时,自然梯度算法的稳态误差与源信号峭度的平方成反比. 因此对峭度更大的小波域高频子图像进行ICA分离可以获得更高的精度.

　　本章对小波域 FastICA 算法的收敛性能也进行了分析,结论是该算法的收敛速度与源信号的峭度无关. 由于小波域高频子图像的大小为源图像的四分之一,因此计算量大大减少,上述两种小波域学习算法的收敛速度都会明显提高.

　　最后,通过一系列图像盲分离实验,证实小波域自然梯度算法不仅可以获得更高的分离精度和更快的收敛速度,而且可以有效地克服标准自然梯度算法不易收敛的问题. 在满足相同收敛精度的条件下,小波域 FastICA 法的收敛速度比标准 FastICA 法快一倍左右.

第四章 基于 SOM 的非线性 ICA 方法

前文讨论的都是线性 ICA 方法,然而在许多现实情况中,信号往往是以非线性方式混合的,因此研究非线性独立分量分析(Nonlinear ICA,NLICA)更具实际意义[4,5]. 本章对 NLICA 问题进行了详细的研究,针对 P. Pajunen[140] 提出的基于自组织映射(Self-organizing Maps,SOM)的 NLICA 方法的缺点,提出了一种新的具有全局拓扑保持特性的网络权值初始化方法,不仅提高了算法的收敛速度,而且可以有效地避免算法陷入局部极小的问题. 同时,在混合方式基本相同的情况下,可使输出信号的次序和符号保持不变,减小了 ICA 不确定性的影响. 此外,为了检验该初始化方法的拓扑保持特性,本章还提出了一个简单的拓扑度量函数,并给出了与初值随机选取时的对比实验.

本章共分五节,第一节给出了 NLICA 方法的两种模型和常用算法及其分类,并分析了 NLICA 解的存在性和不唯一性;第二节在分析了基于 SOM 的 NLICA 方法的基础上,提出了一种新的 SOM 网络权值的初始化方法;第三节分析了该初始化方法的性能,并提出了一个简单的拓扑度量函数来检验该初始化方法的拓扑保持特性;第四节通过一维人工信号和二维自然图像的仿真实验,证实该方法是有效的;第五节对本章进行了总结.

4.1 非线性 ICA

由于 ICA 问题的复杂性,目前大多数 ICA 算法都只考虑了线性混合的情况. 但是实际情况中,信号往往是以非线性方式混合的,因

此研究非线性 ICA 更具实际意义. 然而,非线性 ICA 问题要比线性
ICA 问题复杂得多,如果把非线性混合的模型当作线性混合情况来
处理,可能导致完全错误的结果.

A. Hyvärinen[141] 已经证明,仅通过源信号独立这一限制条件,无
法给出非线性 ICA 问题的唯一解. 为此, A. Taleb 和 C. Jutten[142,143]
提出了一种称为后非线性混合(Post-nonlinear Mixture)的简化模型
PNLICA,即在线性混合的基础上增加一个非线性失真函数. 该模型
具有一定的实际意义,它可以用来描述这样一种情况:信号的传输过
程是线性的,但是在接收端产生了非线性失真. 通过这种简化方法,
可以大大减小非线性 ICA 的复杂度. 目前大多数 NLICA 算法都是研
究这种后非线性混合的情况[5].

下面首先介绍 NLICA 和 PNLICA 这两种方法的数学模型,接着
分析 NLICA 问题解的存在性和不唯一性,最后介绍了国内外
NLICA 的研究现状和三种常用的 NLICA 近似处理方法.

4.1.1 非线性 ICA 的模型

非线性 ICA 的模型与线性 ICA 类似,用一个非线性函数 $F(\cdot)$
代替线性变换矩阵 A 即可. 其混合过程如下式所示:

$$x(t) = F(s(t)) \tag{4.1}$$

分离过程就是要寻找一个逆变换 $G(\cdot)$,使输出 $y(t)$ 的各分量之
间的独立性最强.

$$y(t) = G(x(t)) \tag{4.2}$$

后非线性混合的模型如图 4.1 所示,就是在线性混合的基础上增
加一个未知的可逆非线性失真函数 $f(\cdot)$:

$$x(t) = f(u(t)), \text{其中} u(t) = As(t) \tag{4.3}$$

其分离过程可先通过一个非线性函数 $g(\cdot)$ 对各个混合信号求逆得到
$v(t)$,然后再通过分离矩阵 W 得到各分量相互独立的 $y(t)$,如下式

JF 的行列式的值等于 K，因此向量 $(y_1, y_2, \cdots, y_{M+1})$ 的概率密度 p_{y+} 为：

$$p_{y+}(v_1, v_2, \cdots, v_{M+1})$$

$$= p_{y,x}(v_1, v_2, \cdots, v_M, \xi) \left[\frac{p_{y,x}(v_1, v_2, \cdots, v_M, \xi)}{p_y(v_1, v_2, \cdots, v_M)} \right]^{-1}$$

$$= p_y(v_1, v_2, \cdots, v_M) \tag{4.10}$$

由 (4.5) 式可知，$y_{M+1} \in [0, 1]$，因此 (4.10) 式表明 p_{y+} 是 $[0, 1]^{M+1}$ 上的均匀分布，且分量 $y_1, y_2, \cdots, y_{M+1}$ 相互统计独立. 证毕

根据定理 4.1，可以从 N 个变量 $x_1, x_2, \cdots, x_N$ 中分解出 N 个独立分量 $y_1, y_2, \cdots, y_N$. 假设 M 依次取 0 到 $N-1$，若将 x_{M+1} 当作 x，采用上述构造方法可得到 y_{M+1}. 即对 $M = 0, 1, \cdots, N-1$，令 $y_{M+1} = G(y_1, y_2, \cdots, y_M, x_{M+1}; p_{y,x_{M+1}})$，利用 Gram-Schmidt 类似的递归方法，可得到 N 个独立分量 $y_1, y_2, \cdots, y_N$，从而得到非线性 ICA 问题的一个解.

(2) 非线性 ICA 解的不唯一性

上面的构造方法表明，在一定的限制条件下，非线性 ICA 的解是存在的. 但同时也表明，这种构造方法不能保证得到的解是唯一的. 如果混合函数 $F(\cdot)$ 为可逆线性变换，则非线性模型就变为线性模型，由第二章的分析可知，存在唯一解(不考虑信号次序和幅度的不确定性)；如果混合函数 $F(\cdot)$ 为非线性函数，则可能存在无数个解.

可以从以下三个方面来解释非线性 ICA 解的不唯一性[4,144]：

1) 假设 u 和 v 为两个独立的随机变量，$p(\cdot)$ 和 $q(\cdot)$ 为两个非线性函数，那么 $p(u)$ 和 $q(v)$ 也相互统计独立，这意味着仅仅通过统计独立的假设无法恢复出源信号，而可能是它们的一些非线性变换.

2) 对上述构造方法而言，如果先对观察信号矢量 x 进行线性变换，得到 x'，然后计算 $y' = G'(x')$，其中 $G'(\cdot)$ 由 (4.5) 式确定，x

用 x' 代替，这样就得到另一个解 y'. 一般说来，y' 与 y 不同，且无法通过简单的线性变换将它变回到 y. 因此，非线性 ICA 的解不是唯一的.

3）假设有两个源信号且为连续变量的情况，通过一任意可逆的非线性变换 H，得到两个随机变量 $z_1 = H(x_1)$ 和 $z_2 = H(x_2)$. 定义 $y_1 = z_1$，一般情况 y_1 和 z_2 不会相互独立，因此条件积分分布 $P(z_2 \mid y_1)$ 与 y_1 有关. 如果定义 $y_2 = P(z_2 \mid y_1)$，则 y_2 与 y_1 无关且在 $[0, 1]$ 之间均匀分布，因此 y_2 与 y_1 相互独立. 由于非线性变换 H 是任意选择的，所以这种解有无穷多个.

综上所述，非线性 ICA 问题是一个很复杂的问题，仅仅通过源信号独立的约束条件无法给出唯一解. 如果不对解混非线性函数加以限制的话，则这一非线性函数除了给出相互独立的输出外不能保证给出有关源信号的任何信息[144].

4.1.3　非线性 ICA 的研究状况

虽然 NLICA 问题非常复杂，但是考虑到它的实际意义，近年来许多学者对该问题进行了研究，并提出了很多算法. 例如，L. C. Parra[145] 提出了一种前向信息保持的非线性映射网络，通过最小化输出互信息来减小输出分量间的冗余度，从而得到 NLICA 的解. H. H. Yang[146] 以最大化熵和最小化互信息作为目标函数，得到一种后向传播的训练方法，当非线性函数合理选择时可以分离 PNL 混合的源信号. P. Pajunen[140] 提出用自组织映射（SOM）网络从 PNL 混合信号中分离出独立的源信号，P. Pajunen[147] 还提出了一种采用最大化似然估计为目标函数，用生成拓扑映射网络（Generative Topographic Mapping，GTM）进行非线性映射求解 NLICA 的方法. H. Lappalainen[148] 采用基于贝叶斯集成学习（Bayesian Ensemble Learning）的多层感知器求解 NLICA 问题，Y. Tan[149] 提出基于高阶统计和遗传算法的 NLICA 方法.

国内学者对 NLICA 问题的研究不是很多，刘琚[144] 对 NLICA 的可分离性进行了研究,陈阳[150]提出一种亚、超高斯 PNL 混合信号的盲分离方法,虞晓[151]提出了一种采用有限冲激响应 FIR 神经网络的非线性盲源分离(NLBSS)算法.

NLICA 的研究虽然取得了一定的成果,但是仍然有许多问题没有解决,有必要对此作进一步的研究.

目前,非线性 ICA 问题主要有以下三种近似的处理方法[5]:

(1) 在线性 ICA 模块中加入一个非线性模块,即在 ICA 的传输函数中加入参数可变的非线性函数,该方法的缺点是参数选择困难,算法的灵活性受到限制.

(2) 采用自组织映射网络(SOM),利用 SOM 网络来代替非线性变换. SOM 是一种无监督的神经网络方法,优点是算法简单、自适应性强,且无需进行参数选择. 缺点是当网络复杂度增加时,计算量呈指数增加,且如果初始权值选择不当的话,有可能使网络陷入局部极小.

(3) 利用泰勒级数展开、Edgeworth 展开或其他正交展开(如傅立叶级数展开和离散小波级数展开等),从而可以用线性 ICA 来近似非线性 ICA. 但是在缺乏先验知识的情况下对源信号进行级数展开也是很困难的,而且一般也只是用到二阶展开,因为高阶展开比较困难.

4.2　基于 SOM 的 NLICA 的初始化方法

下面对 P. Pajunen[140]提出的基于 SOM 的 NLICA 方法进行详细的研究,并针对该方法的缺点提出了一种具有全局拓扑保持特性的 SOM 网络权值初始化方法. 该初始化方法不仅减少了计算量,提高了 SOM 网络的收敛速度,而且有效地避免了由于初始权值随机选取而导致网络陷落局部极小的情况. 此外,如果混合方式相同(或基本相同),该方法可使得分离信号的次序和符号保持不变,从而在一定程度上减小了 ICA 问题中不确定性的影响.

4.2.1　基于 SOM 的 NLICA 方法

自从 P. Pajunen 提出基于 SOM 的 NLICA 方法之后,许多学者对这一方法进行了进一步的研究. M. Haritopoulos[152]将该方法用于图像乘性噪声的去除. T. J. Theis[153]将 SOM 和几何 ICA 方法结合起来. M. Herrmann[154]详细分析了该方法的优缺点:其优点是算法简单、自适应性强,提供了一种非参数的方法来解决 NLICA 问题;其缺点是当网络复杂度增加时,计算量呈指数增加,如果初始权值选择不当,网络有可能陷入局部极小.

(1) SOM 网络

生物学和神经生理学的研究表明,大脑皮层分成多个不同区域,各个区域分管不同功能,根据这一特点,芬兰科学家 T. Kohonen[155]提出了 SOM 神经网络. SOM 网络是一种无监督的学习算法,在学习时,训练集只包含输入向量的训练样本,而不包含相应的理想输出训练样本. 其功能是将输入向量的赋值空间划分成若干子空间,每个子空间对应于网络输出端的某个神经元. 根据网络的输出就能立即判断输入向量属于哪个子空间. 子空间的划分及子空间与各输出端的对应关系不是预先规定的,而是根据某种准则通过学习加以确定的,这就是自组织学习的原理,它完全不同于由"教师"信号给出理想输出样本的有监督学习[2].

SOM 的网络结构可以用二维阵列表示,如图 4.2 所示,由输入层和输出层组成,输入层是一维神经元,输出层是二维神经元,输入层的神经元和输出层的每个神经元都相连.

设网络输入是 M 维列向量 $x = [x_1, x_2, \cdots, x_M]^T$,对输出层的神经元进行编号,并记第 j 个神经元的输出为 y_j, y_j 只能取 0 或 1. 输出层的每个神经元 j 都有一个相应的 M 维权向量 $w_j = [w_{j1}, w_{j2}, \cdots, w_{jM}]^T$,则网络输出 y_j 为:

$$y_j = \begin{cases} 1, & j = j^*; \\ 0, & j \neq j^*, \end{cases} \text{其中 } j^* = \underset{j}{\arg\min} \parallel x - w_j \parallel \quad (4.11)$$

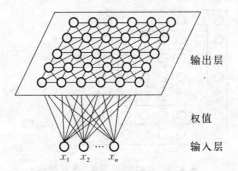

图 4.2 二维 SOM 的网络结构

其中 j^* 称为获胜神经元,其权向量 w_{j^*} 与输入向量 x 的欧氏距离最小.

网络的学习过程是按下式来调整获胜神经元 j^* 及其邻域 $N_{j^*}(t)$ 内所有神经元的权值,邻域外的权值保持不变.

$$w_j(t+1) = w_j(t) + \alpha(t)\Lambda(j,j^*,t)[x(t) - w_j(t)] \quad (4.12)$$

其中 $\alpha(t)$ 为步幅函数,随着时刻 t 的增加而逐渐减小,本文取 $\alpha(t) = \alpha(0)/t$. $\Lambda(j,j^*,t)$ 为邻域函数:

$$\Lambda(j,j^*,t) = \begin{cases} 1, & j \in N_{j^*}(t); \\ 0, & j \notin N_{j^*}(t) \end{cases} \quad (4.13)$$

其中 $N_{j^*}(t)$ 为获胜神经元 j^* 的邻域集,它可以是方形的也可以是圆形的,本文采用方形邻域,如图 4.3 所示.在学习过程中,邻域的半径随着时刻 t 的增加而逐渐减小,最后缩小至一个神经元 j^*. 经过多次训练使得网络收敛,则网络将输入样本映射到输出平面上的一个点.对于相近的输入,其输出响应节点在输出平面上也是拓扑意义下相近的.

(2) 基于 SOM 的 NLICA 方法

由上述 SOM 网络的特点可知,SOM 可以实现从输入空间到输出空间的高度非线性映射,而且不用教师信号和参数选择.因此,

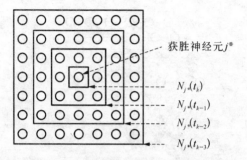

图 4.3　获胜神经元 j^* 及其邻域

SOM 网络适合解决非线性 ICA 问题. 下面对 P. Pajunen 提出的基于 SOM 的 NLICA 方法作一简单介绍.

　　SOM 网络可以用来估计混合函数的逆函数 G, 将混合信号 x 作为 SOM 网络的输入信号, 通过自组织学习使得 SOM 网络收敛, 则 SOM 网络输出平面上获胜神经元的坐标就是估计的源信号 y. 由于 SOM 网络的输出平面通常是二维的, 对于高维的情况算法的计算量呈指数增加, 所以通常基于 SOM 的 NLICA 方法只适合用来分离两个信号混合的情况. 此外, 由于 SOM 的输出网络中的神经元的坐标是离散的, 因此 SOM 分离出来的独立分量被离散化了. 如果 SOM 输出平面的神经元个数为 N^2 个, 则输出信号的幅度被离散化为 N 个等级. SOM 输出平面神经元的个数越多, 则输出信号的幅度越精确, 但是 SOM 的计算量随着网络复杂度的增加呈指数增长. 为此, 可以通过插值的方法来提高输出信号的精度[140]. 即在网络收敛之后, 对权值矩阵进行插值, 然后再查找获胜神经元的坐标. 从而可以在不增加网络复杂度的情况下, 提高输出信号的精度.

　　P. Pajunen 在文献[140]中指出: 虽然 SOM 网络可以输出独立的分量, 但并不能认为输出矢量是源信号的一个很好的估计, 而且 SOM 网络只适合分离非线性混合的亚高斯信号源. 考虑到非线性 ICA 问题的复杂性和 SOM 方法无需进行参数选择等优点, 该方法仍然是解决非线性 ICA 的一个很好的方法.

4.2.2　一种新的 SOM 权值初始化方法

通常 SOM 网络的初始权值是随机选取的,而网络的收敛结果与初始权值的选取有关,由于 SOM 网络的误差函数(又称畸变函数)是非凸的,因此网络容易陷入局部极小. 在实际收敛过程中发现网络很容易陷入局部极小,导致源信号无法正确分离出来. T. Kohonon 在文献[155]中指出:设 p 是输入样本集的概率密度函数,就残差最小这一点来说,收敛权值在输入空间上的分布近似趋向于 p.

依照上述观点,我们提出了一种新的 SOM 网络初始权值的选取方法,不仅可以提高算法的收敛速度,而且可以有效地避免上述网络陷入局部极小的情况. 考虑到混合信号的分布是已知的,因此可以充分利用这一信息,构造一种与混合信号的联合概率分布相吻合的权值作为网络的初始权值.

下面以两个信号的后非线性混合为例详细来说明初始权值的选取步骤:

(1) 白化处理. 采用 PCA 方法去除两个混合信号之间的相关性,设白化处理后的信号为 $\boldsymbol{x}_1 = [x_{11}, x_{12}, \cdots, x_{1N}]^T$ 和 $\boldsymbol{x}_2 = [x_{21}, x_{22}, \cdots, x_{2N}]^T$,本例中 $N = 100$. 白化处理后 $\boldsymbol{x}_1$ 和 $\boldsymbol{x}_2$ 的均值为零,即:

$$\frac{1}{N}\sum_{j=1}^{N} x_{1j} = \frac{1}{N}\sum_{j=1}^{N} x_{2j} = 0 \tag{4.14}$$

实际上由于数据离散化和计算误差等原因,$\boldsymbol{x}_1$ 和 $\boldsymbol{x}_2$ 的均值并不一定为零,可能有一点偏差,但可以忽略不计,对本章初始化方法不会产生影响.

(2) 建立如图 4.4 所示的坐标系 X_1OX_2,其中 O 为原点 $(0, 0)$,N 个样本点的坐标为 (x_{1j}, x_{2j}),$j = 1, 2, \cdots, N$,其中 x_{1j} 为横坐标,x_{2j} 为纵坐标.

(3) 逆时针旋转坐标系 X_1OX_2,并记旋转角度为 θ,旋转后的坐标系为 $X_1'OX_2'$. 当 N 个样本点在 X_1' 轴上的投影点的分布范围最大

时停止旋转,记此时的旋转角度为 $\theta_{\max}$,则:

$$\theta_{\max} = \underset{\theta}{\arg\max}\left\{\max\left\{[\boldsymbol{x}_1,\ \boldsymbol{x}_2]\begin{bmatrix}\cos\theta\\\sin\theta\end{bmatrix}\right\} - \min\left\{[\boldsymbol{x}_1,\ \boldsymbol{x}_2]\begin{bmatrix}\cos\theta\\\sin\theta\end{bmatrix}\right\}\right\}$$

(4.15)

其中 max 和 min 分别为求矩阵的最大值和最小值,argmax 表示求投影距离最大时的旋转角度 $\theta_{\max}$,本文取 θ 的增幅为 $\Delta\theta = 5°$.

(4) 此时,样本点 A 和 C 在 X_1' 轴上的投影点 A' 和 C' 之间的距离最大,如图 4.4 所示. 设 A' 和 C' 在坐标系 X_1OX_2 中的坐标为 $(x_{1A},\ x_{2A})$ 和 $(x_{1C},\ x_{2C})$,则有:

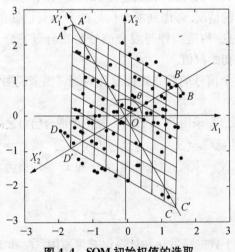

图 4.4 SOM 初始权值的选取

$$[x_{1A},\ x_{2A}] = \max\left\{[\boldsymbol{x}_1,\ \boldsymbol{x}_2]\begin{bmatrix}\cos\theta_{\max}\\\sin\theta_{\max}\end{bmatrix}\right\}[\cos\theta_{\max},\ \sin\theta_{\max}]$$

(4.16a)

$$[x_{1C},\ x_{2C}] = \min\left\{[\boldsymbol{x}_1,\ \boldsymbol{x}_2]\begin{bmatrix}\cos\theta_{\max}\\\sin\theta_{\max}\end{bmatrix}\right\}[\cos\theta_{\max},\ \sin\theta_{\max}]$$

(4.16b)

(5) 将所有样本点投影到 X_2' 轴上,如图 4.4 所示,其中 B 在 X_2' 轴上的投影 B' 的坐标值最小,D 在 X_2' 轴上的投影 D' 的坐标值最大. 设 B' 和 D' 在坐标系 $X_1 O X_2$ 中的坐标为 (x_{1B}, x_{2B}) 和 (x_{1D}, x_{2D}),则有:

$$[x_{1B}, x_{2B}] = \min \left\{ [\boldsymbol{x}_1, \boldsymbol{x}_2] \begin{bmatrix} -\sin \theta_{\max} \\ \cos \theta_{\max} \end{bmatrix} \right\} [-\sin \theta_{\max}, \cos \theta_{\max}]$$

$$(4.17\mathrm{a})$$

$$[x_{1D}, x_{2D}] = \max \left\{ [\boldsymbol{x}_1, \boldsymbol{x}_2] \begin{bmatrix} -\sin \theta_{\max} \\ \cos \theta_{\max} \end{bmatrix} \right\} [-\sin \theta_{\max}, \cos \theta_{\max}]$$

$$(4.17\mathrm{b})$$

(6) 采用双线性插值方法对上述四边形 $A'B'C'D'$ 进行插值,如图 4.4 所示,本例中插值后的网格点个数为 $N = 10 \times 10$. 将所得的 N 个网格点坐标 $(\tilde{x}_{1j}, \tilde{x}_{2j})$,$j = 1, 2, \cdots, N$,按一定的顺利(如从左到右、从上到下)排列后作为相应的 SOM 网络的初始权值 $w_j(0) = [\tilde{x}_{1j}, \tilde{x}_{2j}]^{\mathrm{T}}$,$j = 1, 2, \cdots, N$.

4.2.3 基于 SOM 的 NLICA 方法用于图像盲分离

基于 SOM 的 NLICA 方法通常只用来处理两个信号混合的情况,对于多个信号混合分离的情况,需要采用多维 SOM 网络,计算量太大,该方法并不适合. 下面以两幅图像的后非线性混合情况为例来说明该方法的实现过程,算法的流程如图 4.5 所示,其中 $\boldsymbol{x}_1$ 和 $\boldsymbol{x}_2$ 为两幅按 PNL 混合方式混合而成的混合图像.

通常图像的数据量都较大,如果直接进行 SOM 迭代计算,网络往往很难收敛. 为此,我们将混合图像划分成 $L \times L$ 块子图像(本例中 $L = 4$),得到 L^2 对子图像. 每对子图像都采用基于 SOM 的 NLICA 方法进行分解,得到 L^2 对分离的子图像,每对分离的子图像是相互独立的,且是源图像对应部分的估计. 将所得的估计子图像进行归一化

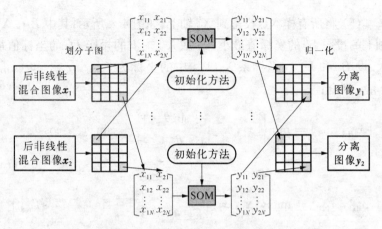

图 4.5   基于 SOM 的 NLICA 方法

处理,然后按对应位置拼合成两幅分离图像 y_1 和 y_2.

其中 SOM 网络采用本章提出的初始化方法,由于每对子图像的混合方式是相同的,因此它们的次序和符号保持不变,不会出现次序和符号颠倒的情况.

4.3   初始化方法的性能分析

本节对基于 SOM 的 NLICA 方法的性能进行分析,首先分析了该方法的收敛特性,结果表明本章提出的初始化方法可以加快收敛速度,避免算法陷入局部极小;接着提出了一个简单的拓扑度量函数来衡量该初始化方法的拓扑保持特性;最后对输出信号的次序和符号不变性进行了讨论.

4.3.1   网络的收敛性分析

从图 4.4 可以看出,本章方法构造出来的初始权值与混合信号的实际分布基本吻合.通常收敛后的 SOM 网格的分布与混合信号的分布接近,混合信号样本分布集中的地方 SOM 的网格比较紧密,混合信号样本分布稀疏的地方 SOM 的网格比较宽松. 采用本章方法构造的初始权值在整体布局上已与最后收敛的网格基本一致, 只是网格的密度还是均匀分布的, 在收敛的过程中只需调整 SOM 网格的分布密度, 因此可以大大提高网络的收敛速度.

下面对 SOM 网络的收敛性进行分析[2]. 如果 x 取离散样本值 x_i, $i = 1, \cdots, M$, 设 x_i 的概率密度为 p_i, 则网络的编码误差为:

$$J(w) = \frac{1}{2} \sum_{i=1}^{M} p_i \parallel x_i - w_{j^*}(x_i) \parallel^2$$

$$= \frac{1}{2} \sum_{i=1}^{M} p_i \sum_{j=1}^{N} \Lambda(j, j^*) \parallel x_i - w_j \parallel^2 \qquad (4.18)$$

其中 w_{j^*} 为获胜神经元的权值, $\Lambda(j, j^*)$ 为不随 t 变化的邻域函数, j^* 为获胜神经元编号, N 为 SOM 网络输出神经元的个数. 上式对 w_j 求偏导得:

$$\frac{\partial J(w)}{\partial w_j} = -\sum_{i=1}^{M} p_i \Lambda(j, j^*) \parallel x_i - w_j \parallel = -E[\Lambda(j, j^*)(x - w_j)]$$

$$(4.19)$$

由网络的迭代公式(4.12)可知, 当网络收敛后有:

$$\Delta w_j(t) = \alpha(t) \Lambda(j, j^*, t)[x(t) - w_j(t)] \to 0 \qquad (4.20)$$

则 $\partial J(w)/\partial w_j \to 0$. 由于编码误差函数 $J(w)$ 是非凸的, 如果初始权值选择不当, 算法就容易收敛到 $J(w)$ 的一个局部极小点, 且在保持映射拓扑性上没有保证, 如图 4.6 所示, 其中混合信号与图 4.4 相同, 但是 SOM 网络陷入了局部极小值, 从图中可以看出, SOM 网格的局部出现了拓扑反转的情况.

若采用本文提出的初始化方法, 则可在很大程度上避免上述情况. 正确收敛的网络如图 4.7 所示. 原因是该方法构造的初始权值在整体布局上与最后收敛的网格基本一致, 网络的编码误差较小, 且具有拓扑保持特性,因此网络不易陷入局部极小,且收敛速度可以明显提高.

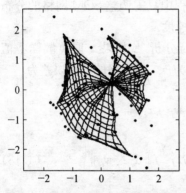

图 4.6 陷入局部极小的 SOM 网络   图 4.7 正确收敛的 SOM 网络

4.3.2 一种简单的拓扑度量函数

T. Villmann[156]提出了一种度量 SOM 拓扑保持特性的拓扑函数(Topographic Function),但是该方法实现起来比较复杂. 为此,本章提出了一个简化的拓扑度量函数 $T(\boldsymbol{w})$,其表达式如下:

$$T(\boldsymbol{w}) = \frac{1}{N} \sum_{i=1}^{N} f_j \times 100\% \qquad (4.21)$$

其中:

$$f_j = \begin{cases} 1, & i^* = i'^*; \\ 0, & \text{otherwise}, \end{cases} \quad \begin{cases} i^* = \underset{i}{\operatorname{argmin}} \parallel \boldsymbol{w}_j - \boldsymbol{x}_i \parallel \\ i'^* = \underset{j}{\operatorname{argmin}} \parallel \boldsymbol{w}_{j'} - \boldsymbol{x}_i \parallel \end{cases} \qquad (4.22)$$

上式中 j' 为 j 的邻域中(除了 j 本身外)与 j 的距离最近的一个神经元,即满足:

$$j' = \underset{k}{\operatorname{argmin}} \parallel \boldsymbol{w}_j - \boldsymbol{w}_k \parallel, \ k \in N_j(t) \qquad (4.23)$$

(4.22)式中, i^* 表示输入样本集中与神经元 j 的距离最近的一个样本, 同理, i'^* 表示输入样本集中与神经元 j' 的距离最近的一个样本. 当 $i^* = i'^*$ 时, 表示 SOM 网格中相邻的两个神经元对应于输入空间的同一个样本, 则神经元 j 的拓扑度量值 f_j 为 1, 否则为 0. 对输出空间的所有 N 个神经元计算上述拓扑度量值 f_j 并求均, 得到 SOM 网络权值 w 的拓扑度量函数 $T(w)$.

该拓扑度量函数的基本思想是: 相近的输入样本在输出 SOM 网格上的相应神经元是拓扑意义下相近的; 反之, 输出平面上相近的两个 SOM 神经元在输入平面中相应的样本之间也是拓扑相近的.

为了简化计算, 本文只考虑输出的两个神经元对应于同一输入样本的情况, 可以看出, $T(w)$ 表示输出层的两个相邻神经元对应于同一输入样本的概率, $T(w) \in [0, 1]$, $T(w)$ 的值越大表示 SOM 网络的拓扑保持性能越好.

上述简化是合理的, 因为在这同一尺度下, 可以比较随机选择的初值、本文初始化方法得到的初值、算法陷入局部极小时的网络和正确收敛时的网络这四者之间的相对拓扑保持能力. 在 4.4 节的实验中, 将采用该拓扑函数来检验本章所提出的初始化方法的拓扑保持特性.

4.3.3　输出信号的次序和符号的不变性讨论

采用本章所提出的权值初始化方法可以减小输出信号次序和符号不确定性的影响. 收敛后的 SOM 网络往往只是在该初始权值的基础上进行适当的伸缩变形, 一般不会出现超过 $90°$ 的水平旋转的情况, 只要 SOM 网格的下标按某种特定次序选取, 当混合方式不变时, 就能使输出信号的次序和符号保持不变, 当然输出信号的幅度仍然是无法确定的. 在其他 ICA 方法中, 对于相同的混合方式, 输出信号的次序、幅度及其符号都是无法确定的. 即使采用基于 SOM 的 ICA 方法, 若初始权值随机选取, 网络将会收敛到不同的状态(即网格旋转或翻转到不同状态), 其输出信号的次序和符号也是无法确定的.

通过交换 SOM 网格的纵坐标和横坐标,就能交换输出信号的次序.通过交换坐标的正负方向,就能交换输出信号的符号.通过上述调整方法,总能找到一种情况,使得输出信号的次序和符号与源信号一致.当然这种调整方法需要一定的先验知识,因此这并不意味着解决了 ICA 固有的不确定性问题,只是减小了不确定性的影响.当混合方式不变(或变化很小)且混合信号的联合概率分布大致相同时,输出信号的次序及其符号能够保持不变.在下一小节的图像盲分离实验中,将对这一特性作进一步的利用和说明.

4.4 比较实验和分析

下面通过两个仿真实验来检验上述方法的有效性.实验一采用两个人造信号,实验二采用两幅标准图像进行后非线性混合和分离,其中 SOM 网络的初始权值采用本章所提出的初始化方法.

4.4.1 实验一:一维信号后非线性混合与分离实验

两个源信号分别为正弦信号 $s_1(t) = 1.5 * \sin(\pi * t/10)$ 和在 $[-1, 1]$ 上均匀分布的白噪声 $s_2(t) = 2 * \text{rand}(t) - 1$,其中 $t = 1$, $2, \cdots, 100$,函数 rand(•) 用来产生在 $[0, 1]$ 之间均匀分布的随机信号.两个源信号 $s_1(t)$ 和 $s_2(t)$ 先通过一个随机产生的混合矩阵 A 进行线性混合,然后再通过一个非线性畸变函数 $f(x) = x^3 + x$ 得到两个后非线性混合信号 $x_1(t)$ 和 $x_2(t)$. 本实验中不妨取线性混合矩阵为:

$$A = \begin{pmatrix} 0.7 & 0.3 \\ 0.3 & 0.7 \end{pmatrix}$$

根据实际情况,本实验中 SOM 网络的大小取 20×20. 首先采用白化处理方法去除混合信号之间的相关性,接着采用本章所提出的初始化方法确定网络的初始权值,然后利用迭代公式(4.12)式对 SOM 网络的权值进行迭代计算,直至网络收敛.最后将输出网络上获胜神经元的横坐标和纵坐标按时刻 t 依次排列就可得到两个独立的分离信号.

源信号、混合信号、白化信号和分离信号的联合概率分布以及收敛后的 SOM 网格分布如图 4.7 所示.可以看出收敛后 SOM 网格的分布与白化处理后混合信号的分布很接近.

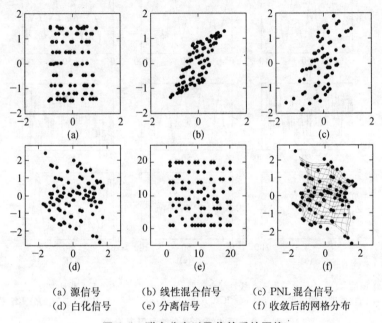

(a) 源信号	(b) 线性混合信号	(c) PNL 混合信号
(d) 白化信号	(e) 分离信号	(f) 收敛后的网格分布

图 4.8 联合分布以及收敛后的网格

源信号、混合信号和分离结果如图 4.8~4.9 所示,从中可以看出,对非线性混合用线性 FastICA 方法无法获得正确的分离结果,用本文方法获得了很好的分离效果.而且只要网格下标选取合适就能保持输出信号的次序及符号与源信号一致.

表 4.1 给出了随机选取的初值、本文初始化方法得到的初值、网络陷入局部极小和网络正确收敛这四种情况下的 SOM 网络的编码误差函数 $J(w)$ 和拓扑保持函数 $T(w)$ 的平均值,其中 $J(w)$ 的定义见

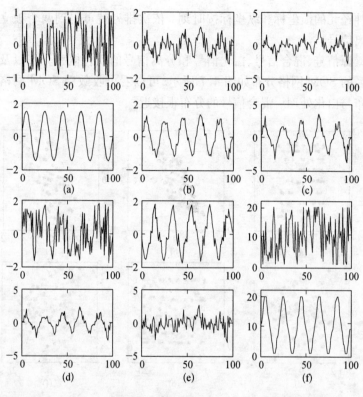

(a) 源信号　　　　　　　(b) 线性混合信号　　　　　(c) 后非线性混合
(d) 白化处理后的结果　　(e) FastICA 方法的分离结果　(f) WICA 方法的分离结果

图 4.9　后非线性混合信号及其分离

(4.18)式, $T(w)$ 采用本文提出的简化方法, 定义见(4.21)式, 两者的邻域大小均取 3×3. 从表 4.1 可以看出, 本文初始化方法的编码误差远远小于初值随机选取时的编码误差, 因此网络更容易收敛, 在相同迭代次数下可获得更小的编码误差, 并且具有更好的拓扑保持特性, 避免了由于拓扑结构没有得到保持而导致网络陷入局部极小的情况. 网络陷入局部极小时的编码误差介于本文初值和正确收敛两者之间, 拓扑度量函数的值也介于本文初值和正确收敛两者之间. 而初值随机选取时,编码误差太大,拓扑保持性能也很差,因此收敛时间长,且容易丧失拓扑保持特性而使网络陷入局部极小.

表 4.1　编码误差函数和拓扑保持函数

	随机初值	本文初值	局部极小	正确收敛
编码误差 J/w	1 945.0	24.40	19.88	14.94
拓扑函数 $T(w)/\%$	3.5	14.5	16.5	18.5

为了进一步说明上述观点,图 4.10 给出选择随机初值和本文初值时的 SOM 网络的编码误差与迭代次数之间的关系曲线,从中可以很清楚地看出本文初始化方法的优点,编码误差一直维持在很低的水平,且收敛速度更快.

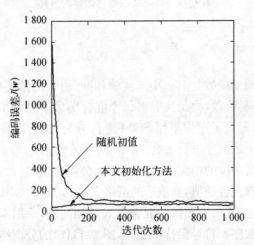

图 4.10　随机初值和本文初值的迭代曲线对比

4.4.2　实验二:二维图像后非线性混合与分离实验

采用标准图像 Lena 和 Baboon 进行后非线性混合与盲分离实验,实验结果如图 4.11 所示,其中对混合图像和分离图像进行了归一化处理. Lena 源图像的大小为 256×256，线性混合矩阵为：

(a) 源图像　　　　　　　　　　(b) 后非线性混合图像

(c) 本文方法分离结果

图 4.11　后非线性混合图像的分离

$$A = \begin{pmatrix} 0.6 & 0.4 \\ 0.4 & 0.6 \end{pmatrix}$$

非线性畸变函数与上一小节实验相同. 由于图像的数据量较大，SOM 网络不易收敛，为此我们将每个混合图像划分成 16 块 64×64 的子图像，对每对子图像采用 SOM 进行分离，最后再将分离出来的子图像按原来的顺序进行拼合. SOM 网格的大小为 30×30，为了在不提高网络复杂度的情况下提高网络的分离精度，对收敛后的 SOM 网格进行了双线性插值，插值后的网络大小为 240×240.

由于上述 16 对子图像的混合方式是相同的，采用本文方法可使输出信号的次序和符号保持不变，从图 4.11(c) 的分离结果可以看出这一特性，没有出现子图像次序混乱和符号反转的情况. 当然其幅度还是无法确定的，这造成拼合后的图像会出现方块效应. 本文通过最小化相邻边界的欧氏距离或最大化相邻边界的相关系数来确定各个子图像幅度之间的比例关系，图 4.11(c) 已经对各个子图像的幅度按比例关系进行了归一化调整，可以看出，其方块效应已不明显.

综上所述,通过上述两种情况的仿真实验,证实了本章所提出的基于 SOM 的后非线性 ICA 的权值初始化方法是有效的. 不仅可以获得更小的编码误差(收敛速度更快),而且可以获得更好的拓扑保持特性(避免算法陷入局部极小). 同时,在混合方式基本相同的情况下,可是输出信号的次序和符号保持不变.

4.5　本章小结

本章针对基于 SOM 的 NLICA 方法的缺点,提出了一种新的具有全局拓扑保持特性的 SOM 网络权值初始化方法. 该方法通过估计白化处理后的混合信号的联合概率分布,构造出一种与该分布基本吻合的 SOM 网格,并以此网格作为 SOM 网络的初始权值,从而大大简化了 SOM 网络的复杂度,明显减少了网络收敛的时间. 同时,由于该初始化方法具有全局拓扑保持特性,因此可以有效地避免由于初值随机选择而导致 SOM 网络陷入局部极小的情况. 为了衡量该初始化方法的拓扑保持特性,本章还提出了一个简化的拓扑度量函数.

最后,通过一维人工信号和二维图像的后非线性混合与分离实验证实该方法不仅能够明显提高 SOM 网络的收敛速度,而且可以有效地避免网络陷入局部极小. 同时,在混合方式基本不变的情况下,可使输出信号的次序和符号保持不变,在一定程度上减小了 ICA 的不确定性影响.

第五章 基于 ICA 和 BP 网络的 人脸识别方法

人脸识别是图像处理和模式识别领域中的一个经典难题. 1991 年，M. Turk[128] 提出了著名的特征脸(Eigenfaces)方法，即采用 PCA 方法提取人脸的特征，该方法只考虑了图像数据的二阶统计特性. 1998 年，M. S. Bartlett[98] 首先提出了基于 ICA 的人脸识别方法，该方法考虑了图像数据的高阶统计特性，因此在性能上要优于 PCA 方法. 此后，一些学者对这一方法进行了改进[100—102,111]，比如增加有用独立基的选取功能和采用基于特征提取的有监督学习的 ICA 方法等.

本章提出了一种基于 ICA 和改进 BP 神经网络的人脸识别方法，将 ICA 的特征提取能力和 BP 网络的自适应性结合起来，增强了算法的鲁棒性，提高了人脸的识别率. 实验证实该方法的识别性能优于标准 PCA 法、标准 ICA 法，以及 PCA 和 BP 网络结合的 PCABP 法等人脸识别方法.

第一节简单介绍一下人脸识别的研究状况；第二节简单分析了 M. S. Bartlett 提出的基于 ICA 的人脸识别方法；第三节首先给出几种 BP 神经网络的改进方法，接着对基于 ICA 的人脸识别方法进行改进，提出了一种新的基于 ICA 和改进 BP 神经网络的人脸识别方法；第四节通过比较实验证实该方法是有效的，可以获得更高的识别率；第五节对本章进行了总结.

5.1 人脸识别方法概述

人脸识别技术的应用十分广泛，可以用于身份证、驾驶执照和护照等证件识别，公安系统的罪犯识别，银行、机场和海关等监控系统[130]. 从 20 世纪 90 年代初期,特别是美国"9.11"恐怖袭击事件以后,全世界掀起了新一轮的人脸识别研究热潮. 与指纹、掌纹、虹膜和基因等其他生物特征识别系统相比,人脸识别系统的优点是无需接触,可被动获得图像数据,使用起来比较方便,不会使被识别者产生心理障碍. 其缺点是识别率不是很高,原因是人脸的表情很丰富,人脸会随着年龄的增长而变化,人脸图像容易受到光照、成像角度和距离的影响,此外相似人脸(如双胞胎)不易识别.

人脸识别的研究历史较早,始于 20 世纪 60 年代. 早期的人脸识别系统主要是通过人机交互来完成的,属于半自动的识别系统. 主要有两类方法:一是提取人脸的几何特征的方法,如人脸部件归一化的点间距离和比率等;二是模板匹配的方法,利用模板和图像灰度的相关性来实现识别功能. 随着计算机技术的发展,人脸识别已经进入全自动识别阶段. 目前的人脸识别也主要有两类方法:一是基于整体分析的方法,考虑了模式的整体特性,如特征脸(Eigenface)方法、SVD 分解的方法、人脸等密度线和弹性图匹配方法、隐马尔可夫模型方法以及神经网络的方法等;二是基于特征分析的方法,也就是将人脸基准点的相对比率和其他描述人脸脸部特征的形状参数或类别参数等一起构成识别特征向量. 这两种方法各有优缺点:前者是基于整体脸的识别,不仅保留了人脸部件之间的拓扑关系,而且保留了各部件本身的信息,但是容易受到光照、视角和人脸尺寸的影响. 后者提取并利用了关键点的位置和部件的形状等最有用的特征,但是损失了很多整体的信息. 近年来的趋势是将人脸的整体识别和特征分析结合起来考虑.

人脸自动识别系统包括两个主要的环节:首先是人脸的检测和定位,即在输入图像中查找出人脸的位置并将其从背景图像中分割出来,然后对人脸图像进行归一化处理,提取特征和识别. 本章主要是研究 ICA 算法用于人脸的特征提取和识别,因此假设人脸已经从背景图像中成功分离出来.

评价一个人脸自动识别系统的性能主要有两个标准:一是误识率,即将某人错误地识别为其他人;二是拒识率,即无法识别某人. 这两者是相互矛盾的, 拒识率降低了, 误识率往往就会提高. 因此在实际应用中, 往往根据不同的要求采取不同的策略. 在安全性要求较高的场合, 要求较低的误识率, 拒识率则会高一些. 为了简单起见, 本章算法没有考虑拒识率, 即对所有的人脸图像都给出分类结果. 常用的人脸识别库有英国剑桥大学 Olivetti 实验室的 ORL 人脸库和美国军方的 FERET 人脸库等, 本文采用前者来检验人脸识别算法的性能.

人脸识别是一个跨学科的富有挑战性的前沿课题, 目前还未进入真正实用化阶段. 本章研究了基于 ICA 的人脸识别新技术, 并结合 BP 神经网络对这一新技术进行了改进, 提出了一种新的基于 ICA 和改进 BP 网络的人脸识别方法.

5.2 基于 PCA 和 ICA 的人脸识别方法

由前面第二章的分析可知, ICA 的分离效果要比 PCA 好, 因为 PCA 方法只使得分解出来的各分量相互正交, 即互不相关, 它只考虑了信号的二阶统计特性; 而 ICA 方法使分解出来的各分量不仅互不相关, 而且是统计独立的, 它考虑了信号的高阶统计特性. 因此, 基于 ICA 的人脸识别方法要优于基于 PCA 的人脸识别方法, M. S. Bartlett[98] 通过实验证明了这一点. 此外, ICA 的处理方式同人的视觉机制和认知机理很相似, 因此, 利用 ICA 的独立基进行人脸识别似乎更合理[1]. 下面简单地介绍一下这两种人脸识别方法.

5.2.1 基于 PCA 的人脸识别方法

M. Turk[128] 提出的特征脸方法以训练样本集的总体散布矩阵为产生矩阵, 经 K-L(Karhunen-Loeve) 变换后得到一组特征矢量, 该矢量具有人脸的形状, 又称为"特征脸". 这样, 就产生了一个由特征脸矢量张成的子空间, 将每一幅待识人脸图像投影到该子空间上可以获得一组坐标系数, 这组坐标系数表明了人脸在子空间中的位置. 将该坐标系数和已知人的人脸系数进行比较就可以得到该人脸的识别结果.特征脸方法利用 PCA 方法提取人脸的特征向量(特征脸),将每一张人脸图像看成是许多特征脸的线性组合.

设人脸图像由 $N = K \times L$ 个像素组成(K 行,L 列),按行堆叠成 N 维列向量 $\boldsymbol{x}_i = [x_i(1, 1), x_i(1, 2), \cdots, x_i(1, L), x_i(2, 1), \cdots, x_i(2, L), \cdots, x_i(K, L)]^{\mathrm{T}}$,$\boldsymbol{x}_i \in \mathbf{R}^N$,则 M 幅人脸图像(不同人的不同表情图像)构成一个 N 行,M 列的人脸矩阵 $\boldsymbol{X} = [\boldsymbol{x}_1, \boldsymbol{x}_2, \cdots, \boldsymbol{x}_M]$,$\boldsymbol{X} \in \mathbf{R}^{N \times M}$. 以下文中 5.4 节的实验为例,用 40 人作为训练样本,每人取 5 幅图像,则 $M = 5 \times 40 = 200$. 图像由 $N = 112 \times 92 = 10\,304$ 个像素组成,则每幅人脸图像用 $10\,304 \times 1$ 维的向量表示,人脸矩阵的大小为 $10\,304 \times 200$.

上述特征脸方法可以通过以下 6 个步骤来实现[1]:

(1) 去均值. 将训练集中的人脸图像 $\boldsymbol{x}_i$ 减去人脸图像的平均值 $\bar{\boldsymbol{x}}$,得到一组具有零均值的人脸图像 $\tilde{\boldsymbol{x}}_i$.

$$\bar{\boldsymbol{x}} = \frac{1}{M} \sum_{i=1}^{M} \boldsymbol{x}_i \tag{5.1}$$

$$\tilde{\boldsymbol{x}}_i = \boldsymbol{x}_i - \bar{\boldsymbol{x}}, \ i = 1, 2, \cdots, M \tag{5.2}$$

(2) 求零均值人脸矩阵 $\widetilde{\boldsymbol{X}} = [\tilde{\boldsymbol{x}}_1, \tilde{\boldsymbol{x}}_2, \cdots, \tilde{\boldsymbol{x}}_M] \in \mathbf{R}^{N \times M}$ 的协方差矩阵 $\boldsymbol{C}_{\widetilde{\boldsymbol{X}}}$:

$$\boldsymbol{C}_{\widetilde{\boldsymbol{X}}} = \frac{1}{M} \sum_{i=1}^{M} \tilde{\boldsymbol{x}}_i \tilde{\boldsymbol{x}}_i^{\mathrm{T}} = \frac{1}{M} \widetilde{\boldsymbol{X}} \widetilde{\boldsymbol{X}}^{\mathrm{T}} \in \mathbf{R}^{N \times N} \tag{5.3}$$

若不考虑归一化,则有:

$$\boldsymbol{C}_{\widetilde{\boldsymbol{X}}} = \widetilde{\boldsymbol{X}} \widetilde{\boldsymbol{X}}^{\mathrm{T}} \in \mathbf{R}^{N \times N} \tag{5.4}$$

(3) 求 $\boldsymbol{C}_{\widetilde{\boldsymbol{X}}}$ 的 N 个特征值 λ_i 及其对应的特征向量 $\boldsymbol{u}_i$,即

$$\boldsymbol{C}_{\widetilde{\boldsymbol{X}}} \boldsymbol{u}_i = \lambda_i \boldsymbol{u}_i, \ i = 1, 2, \cdots, M \tag{5.5}$$

写成矩阵形式:

$$C_{\widetilde{x}}U = U\Lambda \tag{5.6}$$

其中 $U = [u_1, u_2, \cdots, u_N]$ 是以 $C_{\widetilde{x}}$ 的特征向量 u_i 为列向量的标准正交矩阵，$\Lambda = \mathrm{diag}[\lambda_1, \lambda_2, \cdots, \lambda_N]$ 是以对应的特征值 λ_i 为对角元素的对角阵. 因为协方差矩阵是实对称阵，由矩阵理论可知，$C_{\widetilde{x}}$ 的特征值都是实数，且属于不同特征值的特征向量是正交的，即 $U^T U = I$.

因为 $C_{\widetilde{x}} = \widetilde{X}\widetilde{X}^T$ 是一个 $N \times N$ 的大规模矩阵，很难计算其特征值和特征向量，通常先求 $\widetilde{X}^T \widetilde{X}$ 的 M 个特征值 λ_i 和对应的 M 个特征向量 v_i，即

$$\widetilde{X}^T \widetilde{X} v_i = \lambda_i v_i, \ i = 1, 2, \cdots, M \tag{5.7}$$

两边左乘 $\widetilde{X}$ 得，

$$\widetilde{X}\widetilde{X}^T \widetilde{X} v_i = \lambda_i \widetilde{X} v_i \tag{5.8}$$

由此可见，$\widetilde{X} v_i$ 就是 $C_{\widetilde{x}} = \widetilde{X}\widetilde{X}^T$ 的特征向量，于是 u_i 可表示为：

$$u_i = \widetilde{X} v_i, \ i = 1, 2, \cdots, M \tag{5.9}$$

（1）对 M 个特征值 λ_i 进行排序，取最大的前 M' 个特征值，及其对应的特征向量，即主分量，由这 M' 个特征向量构成特征脸空间 $\widetilde{U}$：

$$\widetilde{U} = [u_{\max 1}, u_{\max 2}, \cdots, u_{M'}] \tag{5.10}$$

（2）将训练集中的零均值人脸图像 $\widetilde{x}_i$ 投影到上述空间，得到 M' 维的低维向量 y_i，这一过程又称为 K-L 变换：

$$y_i = \widetilde{U}^T \widetilde{x}_i \tag{5.11}$$

（3）对于训练集中的每个人的所有训练图像（如：本文为 5 幅）的 y_i 求平均，得到代表该人的平均类向量 $\bar{y}_i$. 进行识别时，将待识图像同样投影到特征脸空间 $\widetilde{U}$，得到低维向量 y，然后计算它和所有类向量 $\bar{y}_i$ 之间的欧氏距离 $\parallel y - \bar{y}_i \parallel$，距离最小的类就是该待识图像的类别.

由前面的分析可知，特征脸方法就是将 N 维的人脸图像映射到 M' 维的低维向量，用低维的向量空间来表达高维空间的信息，减少了

冗余的数据. 该方法采用 K-L 变换来实现数据的降维压缩,通过K-L反变换可以近似地从低维信号 y_i 得到原高维信号的估计值:

$$\hat{\tilde{x}}_i = \tilde{U} y_i \tag{5.12}$$

通常,特征值 λ_i 的幅度差别很大,因此忽略一些较小的值不会引起很大的误差. 可以证明,如果取 U 的前 M' 个最大特征值对应的特征向量时,$\tilde{X}$ 和其估计值之间的误差达到最小[1]:

$$\text{err} = \frac{1}{2} \sum_{i=M'+1}^{N} \lambda_i \tag{5.13}$$

5.2.2　基于 ICA 的人脸识别方法

根据 M. S. Bartlett 的假设[98],每一幅人脸图像是由一些统计独立的基图像(或称源图像)线性混合而成的,即假设实际的人脸图像 X 可看成是由一些隐含的相互独立的基图像 S 通过混合矩阵 A 线性混合而成的,通过分离矩阵(解混矩阵) W 就能将 S 恢复出来.

同 5.2.1 小节介绍的 PCA 方法一样,将人脸图像(K 行、L 列)按行堆叠成 $N = K \times L$ 维的列向量 x_i, $x_i \in \mathbf{R}^N$,将训练集中的 M 幅人脸向量排成人脸矩阵 $X = [x_1, x_2, \cdots, x_M]^T$, $X \in \mathbf{R}^{M \times N}$(为了表达方便,$X$ 与上一小节略有不同,相差一个转置). 为简单起见,考虑混合矩阵 A 是方阵的情况,则可假设这 M 幅人脸图像是由 M 个独立的基图像 $S = [s_1, s_2, \cdots, s_M]$, $S \in \mathbf{R}^{M \times N}$ 线性混合而成,即:

$$X = AS \tag{5.14}$$

其中 X 的每一行代表一幅人脸图像,S 的每一行代表一幅基图像,$A \in \mathbf{R}^{M \times M}$ 为混合矩阵. 用 ICA 法求出分离矩阵 W,使得输出:

$$Y = WX = WAS \tag{5.15}$$

其中 $Y = [y_1, y_2, \cdots, y_M]^T$, $Y \in \mathbf{R}^{M \times N}$ 的行向量相互独立,则 Y 就是独立基图像的估计,Y 的每一行代表一幅估计的基图像. 如图 5.1 所

示,中间是人脸图像,左边是未知的人脸基图像,右边是用 ICA 方法估计的基图像.

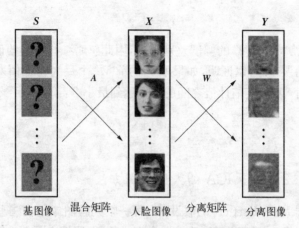

图 5.1　基于 ICA 的人脸识别模型

　　当得到 Y 之后,就可以由 Y 的行向量为特征向量构造一个特征子空间,将待识的人脸图像投影到这个子空间上,即用这组独立的基图像的线性组合来表示,如图 5.2 所示. 设 f 为待识图像(已化成列向量),则有

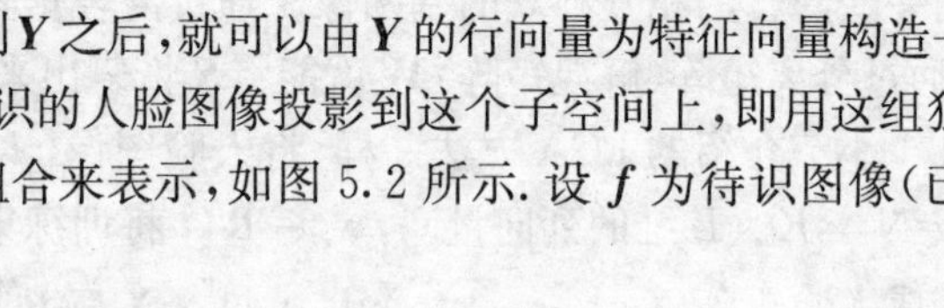

图 5.2　由基图像线性合成人脸图像

$$f = a_1 y_1 + a_2 y_2 + \cdots + a_M y_M \tag{5.16}$$

其中 y_1, y_2, $\cdots$, y_M 代表 M 个源图像(列向量),$a_1, a_2, \cdots, a_M$ 为这幅人脸图像 f 在子空间中的投影系数,该投影系数可由下式求得:

$$[a_1, a_2, \cdots, a_M] = f^T \times \text{pinv}(Y) \tag{5.17}$$

其中 $\text{pinv}(\cdot)$ 为求矩阵的伪逆,$\text{pinv}(Y) = Y(YY^T)^{-1}$.

将训练集中同一个人的 P 幅不同人脸图像投影上述子空间（如本文实验中取 $P=5$），对所得的 P 组投影系数求平均，就可以得到代表这个人的投影系数. 经过上述处理，将原来 N 维的人脸图像降到了 M 维，实现了人脸特征提取的功能. 再对降维后的人脸数据进行分类即可，常用的分类方法是采用最近欧氏距离或马氏距离来度量待识模式和已知模式之间的相似性. 即将待识别的人脸图像的投影系数与所有人的平均投影系数相比较，找出距离最近的一个类别就可以实现该人脸图像的分类.

上述方法的缺点是对于人脸变化比较大的情况识别率会明显下降，即算法的鲁棒性很差. 为了克服该缺点，提高算法的鲁棒性，本文在下一节中将对上述方法进行改进，将 ICA 和改进 BP 神经网络结合起来，大大提高了人脸的识别率.

ICA 用于人脸图像的特征提取有两种不同的模型，上述模型被称为是图像间独立模型，另一种模型称为像素间独立模型，又称为因子编码（Factorial Code）模型[98]. 下面简单说明一下这两种模型之间的关系.

在第一种模型中，虽然源图像是相互独立的，但其混合矩阵的系数不是相互独立的. 通过改变 ICA 的结构，可以定义第二种模型，使得系数是统计独立的，换而言之，新的 ICA 的输出构成了人脸图像的一个因子编码. 通过将人脸矩阵 $\boldsymbol{X}$ 转置，就可实现从第一种模型到第二种模型的转换. 在第二种模型中 $\boldsymbol{X}$ 的每一列代表一幅人脸图像，而在第一种模型中 $\boldsymbol{X}$ 的每一行代表一幅人脸图像. 图 5.3 为这两种模型的结构比较. 图 5.4 为 ICA 用于人脸识别的第二种模型.

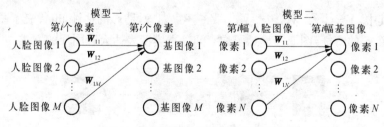

图 5.3　两种不同 ICA 模型的结构比较

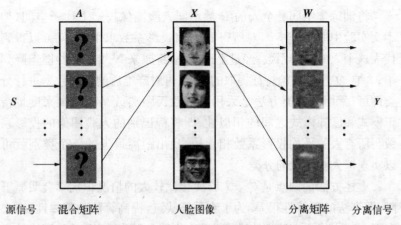

图 5.4   ICA 用于人脸识别的第二种模型

假设每幅人脸图像是由一组统计独立的随机像素决定,而每个独立的随机像素表示其对应的独立基对人脸图像的作用:

$$X = AS \tag{5.18}$$

其中 $X = [x_1, x_2, \cdots, x_M]$,$X \in \mathbf{R}^{N \times M}$($X$ 与上一小节相同,与第一种模型相差一个转置),X 的每一列代表一幅人脸图像. $S = [s_1, s_2, \cdots, s_M]$,$S \in \mathbf{R}^{M \times M}$ 表示组成人脸图像的独立像素,$A = [a_1, a_2, \cdots, a_M]$,$A \in \mathbf{R}^{N \times M}$,其中 a_i 代表第 i 个基图像.

通过 ICA 算法求出分离矩阵 W,就能得到每幅图像在独立基上的投影系数:

$$Y = WX \tag{5.19}$$

其中,$Y = [y_1, y_2, \cdots, y_M]$,$Y \in \mathbf{R}^{M \times M}$,$y_i$ 是 s_i 的估计,也代表了图像 x_i 的特征. 图 5.5 显示了像素间独立模型表达人脸图像的方式.

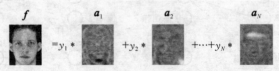

图 5.5   像素间独立模型表达的人脸图像

研究表明,这两种模型的识别结果十分相近[1],本文采用了第一种模型,因为这种模型的特点是比较直观容易理解、易于实现,而且与 ICA 在其他应用方面的模型是一致的.

5.3 基于 ICA 和改进 BP 网络的人脸识别方法

在用 ICA 方法进行人脸识别的过程中,我们发现对于人脸的表情和姿态变化较大的人脸数据库,ICA 方法和 PCA 方法的识别率不相上下,有时 PCA 方法的识别率反而要高. 文献[131]将 BP 神经网络和 PCA 方法结合起来进行人脸的识别,提高了识别率. 在此启发下,本章提出了一种将 ICA 方法和改进的 BP 神经网络结合起来的人脸识别方法,并称之为 ICABP 法. 由于 ICA 比 PCA 具有更好的特征提取性能,因此 ICABP 法的识别率要比 PCABP 法(PCA 和 BP 网络结合的方法)的识别率高. 同时,由于 BP 神经网络的分类性能比欧氏距离的分类性能好,因此 ICABP 法的识别率要比传统 ICA 方法的识别率高. 我们通过实验证实了这一点,特别是对于表情和姿态变化较大的人脸数据库,ICABP 法能够明显提高人脸的识别率.

下面首先简单介绍一下几种常用的 BP 改进算法,接着提出基于 ICA 和改进 BP 网络的 ICABP 人脸识别方法.

5.3.1 BP 算法的改进

BP 神经网络是应用最广泛的一种人工神经网络,具有较强的非线性映射逼近能力和泛化能力,并且算法易于实现,因此 BP 网络在各个学科领域中都具有非常重要的实用意义. 标准的 BP 网络分三层,即输入层、隐含层和输出层,相邻层的神经元之间相互连接,同层神经元之间不相连,其拓扑结构如图 5.6 所示.

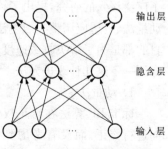

输出层

隐含层

输入层

图 5.6　BP 网络的拓扑结构

BP 网络通过最小化目标函数 F 来完成输入到输出的非线性映射. 其基本思想是：利用已有权值和阈值进行正向传播，如果得不到期望的输出，则反向传播，反复修改各节点的权值和阈值，直到达到预先设定的要求. 一般以能量函数小于某个小量或迭代时不再减少而是反复振荡时为止，或者达到一定的学习次数时停止迭代. 此时完成 BP 网络的训练，输入与输出之间的映射关系确立. 理论已经证明，三层 BP 神经网络，只要隐含层节点数足够多，就可实现任意连续函数的任意精度逼近[132].

标准 BP 算法本质上是一种简单的基于梯度下降法的静态寻优算法，其网络权值和阈值修正的迭代过程为：

$$w(k+1) = w(k) - \alpha \nabla F(w(k)) \tag{5.20}$$

其中 $w(k)$ 表示权值向量，或阈值向量，α 为学习率，$\alpha > 0$，$\nabla F(w(k))$ 为目标函数 F 的梯度，k 为迭代次数.

标准 BP 算法虽然简单，容易实现，但存在很多问题，主要有以下几点[132]：

（1）练易陷入瘫痪，收敛速度很慢；

（2）于采用非线性梯度优化算法，易陷入局部极小而得不到整体最优解；

（3）确定隐含层和隐含层节点的个数.

在实际应用中，标准 BP 算法很难胜任，因此人们对 BP 算法进行了广泛深入的研究，提出了许多改进的方法. 常用的改进方法有采用动量法、自适应调整学习率法、结合遗传算法和模拟退火法等[132]，其目的都是为了解决收敛速度慢，避免陷入局部极小的问题. 下面简单介绍一下这几种改进方法[132,133]：

1）动量法

标准 BP 算法在修正权值 $w(k)$ 时，只是按照 k 时刻的负梯度方向进行修正，而没有考虑到以前积累的经验，即以前时刻的梯度方向，从而常常使学习过程发生振荡，收敛速度变慢. 动量法就是将上

一次权值调整量的一部分迭加到本次权值调整量上,作为本次的实际权值调整量,其权值修正的迭代公式为:

$$w(k+1) = m_c[w(k) - w(k-1)] + (1 - m_c)\alpha \nabla F(w(k))$$

$$(5.21)$$

其中 m_c 动量因子,$0 \leqslant m_c < 1$,α 为学习率,$\alpha > 0$,$\nabla F(w(k))$ 为目标函数 F 的梯度,k 为迭代次数.

动量法降低了网络对于误差曲面局部细节的敏感性,有效地抑制了网络陷入局部极小.加入的动量项实质上相当于阻尼项,减小了学习过程的振荡趋势,从而改善了收敛性.当动量因子为零时,(5.21)式退化成(5.20)式,即标准 BP 算法.

2) 自适应调整学习率法

标准 BP 算法收敛速度慢的一个重要原因是学习率选择不当.学习率选得太小,收敛速度太慢;学习率选得太大,则可能修正过头,导致振荡甚至发散[132].自适应调整学习率法的基本思想是学习率 α 应根据误差变化而自适应调整,以使权系数调整向误差减小的方向变化,其权值迭代过程可表示为:

$$w(k+1) = w(k) - \alpha(k) \nabla F(w(k)) \qquad (5.22)$$

自适应调整 α 的方法很多,一种常用的方法是:

$$\alpha(k) = 2^\lambda \alpha(k-1)$$

$$\lambda = \text{sign}[\nabla F(w(k)) \nabla F(w(k-1))]$$

其原理是:当连续两次迭代的梯度方向相同时,表明下降太慢,这时可使步长加倍;当连续两次迭代的梯度方向相反时,表明下降过头,这时可使步长减半.

3) 基于遗传算法的 BP 网络

BP 网络陷入局部极小的根本原因是网络输入输出之间的非线性关系导致目标函数是一个具有多极点的非线性函数.常规的以梯度信

息指导权值调整的 BP 算法赋予网络的是只会"下坡"而不会"爬坡"的能力,因此无法克服陷入局部极小的缺点,必须引入新的思想[133].

遗传算法是模拟达尔文的遗传选择和自然淘汰的生物进化规律的计算模型. 遗传算法以一个种群中的所有个体为对象,并利用随机化技术指导对一个被编码的参数空间进行高效搜索. 其中选择、交叉和变异构成了遗传算法的基本操作,参数编码、初始群体的设定、适应度函数的设计、遗传操作设计、控制参数设定五个要素组成了遗传算法的核心内容. 基于遗传算法的 BP 网络的主要机理是利用遗传算法全局搜索能力强的特点,先用遗传算法对 BP 网络的权值和阈值进行全局粗搜索,定位最优解区域,使得权值和阈值种群聚集在参数解空间的某几处,再用 BP 算法分别对其进行梯度细搜索,最终求得最优解.

除了上述三种改进方法外,还有模拟退火算法和混沌搜索算法等[133]. 模拟退火算法的基本思想是赋予网络一定的"爬坡"能力,使其有可能跳出"局部低谷"而最终落入"全局低谷",Boltzmann 机是此算法的代表. 混沌是非线性动力学系统特有的一种运动形式,表现了系统内在随机性. 混沌运动在一定的范围内按其"自身规律"不重复的遍历所有状态. 基于混沌搜索的 BP 网络的机理类似于遗传 BP 网络,由于混沌遍历的不重复性,使得它比依概率随机遍历的速度更快. 在本章提出的人脸识别方法中,将第一种和第二种 BP 改进方法结合起来,明显提高了 BP 网络的收敛速度和人脸的识别率.

5.3.2 ICA 和改进 BP 算法相结合的人脸识别方法

传统的基于 ICA 的人脸识别方法在完成人脸图像降维后,一般采用最近邻法(最小欧氏距离)对未知人脸图像进行分类. 该方法的缺点是自适应性差,当人脸图像有噪声或畸变时,识别率很低,而且很难进行非学习样本的识别. 人工神经网络算法具有良好的自适应和泛化能力,可以很好地克服上述缺点. 为此,本章提出了一种新的基于 ICA 和 BP 网络的人脸识别方法——ICABP 法,可以明显提高人脸识别系统的自适应性. 由上一小节的分析可知,传统的 BP 网络存在收敛速度慢和容易陷入局部极小等缺点. 因此, 我们同时采用了动量法和自适应调整学习率法对 BP 算法进行改进. 其中, 采用动量法降低了网络对于误差曲面局部细节的敏感性, 有效地抑制了网络陷入局部极小; 采用自适应调整学习率法提高了算法的收敛速度. 通过这两种 BP 改进方法的结合, 进一步优化了 BP 算法的性能.

在选择 ICA 算法的问题上, 通过比较, 我们决定采用目前速度很快、效率很高的 FastICA 算法, 即定点算法. 该算法的详细分析可参考 2.3.4 小节. 采用该算法的一个重要原因是: 人脸图像的数据量较大, 特别是当样本较多时, 其他算法非常耗时, 收敛的速度很慢. 跟其他基于梯度下降的 ICA 算法相比, FastICA 算法收敛的速度更快, 且所需的内存空间较小, 可以很好地解决人脸图像的特征提取问题.

理论上 ICA 方法比 PCA 方法的人脸识别率要高, 但对于某些实际情况, 可能会出现例外. 我们在用 ICA 方法进行人脸识别的过程中发现, 对于人脸变化不大的情况, ICA 方法是比较有效的. 但是对于人脸的表情和姿态等变化较大的情况, 其识别率会下降很多. 在取较少特征向量时, ICA 方法和 PCA 方法的人脸识别率不相上下, 有时 PCA 方法的识别率反而要略高一点, 这与样本的随机性有一定的关系. 当然, 这并不表示 ICA 方法的性能不如 PCA 方法, ICA 方法的整体性能要比 PCA 方法好, 只是在某些情况下其优越性没有很好地表现出来. 通过 BP 神经网络的引入, 是否可以更好地体现 ICA 方法提取独立分量的优点呢? 这也是我们将 ICA 方法和 BP 网络相结合进行人脸识别的另一个原因.

本章将基于 ICA 和 BP 网络的 ICABP 法与基于 PCA 和 BP 网络的 PCABP 法进行了比较, 实验结果表明前者的识别率要明显高于后者. 这也从侧面说明了 ICA 比 PCA 具有更好的特征提取性能, 与前文的分析是一致的.

为了减小噪声的影响和减少运算量, 在 ICA 处理之前对原始的人脸图像进行了滤波降噪和抽样降维等预处理. 由于人脸表情的变化和局部光照的改变主要影响图像的高频分量, 所以适当滤除人脸图像中的高频分量能够减少局部细节的影响,突出全局的主要特征,而且还能够起到降噪的作用. 当然,滤波器大小的选择要合适,选得太大会丢失过多的人脸细节,也不利于人脸的识别,本文采用了 3×3 的均值滤波器. 由于 ICA 算法的运算量随着人脸图像大小的增大而成倍增长,样本过大会严重影响算法的收敛速度,因此对原始人脸图像进行降维处理是很有必要的. 在低通滤波之后,对人脸图像进行间隔采样,即只取奇数行和奇数列的像素点,这样处理后的人脸图像的大小为原始图像的 $\frac{1}{4}$. 虽然数据量减少了 $\frac{3}{4}$,但实验表明,对人脸识别率的影响不是很大[111].

ICABP 法的结构框图如图 5.7 所示,其中 BP 网络的结构为三层 BP 网络,ICA 算法采用 FastICA 算法.

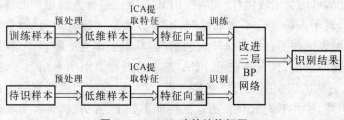

图 5.7　ICABP 法的结构框图

下面简单地阐述一下 ICABP 法进行人脸识别的步骤:

(1) 预处理,对人脸库中所有的人脸图像进行均值滤波、采样降维和归一化等预处理. 目的是为了降低噪声的影响和减少计算量.

(2) 选取 M 个人的 N 幅人脸图像作为训练样本集,并对每个人的 N 幅测试图像求平均,目的是为了提高算法的鲁棒性.

(3) 采用 FastICA 算法对上述平均后的 M 幅图像进行 ICA 分解,产生 M 个特征向量,并由这些特征向量构成一子空间.

(4) 将所有的人脸图像投影到上述子空间中,并以获得的投影系数向量代替原图像,构成新的样本集.

(5) 采用改进的 BP 算法对新样本集内的训练样本进行训练,得到相应的权值矩阵.

(6) 用上述训练过的 BP 网络对新样本集内的非训练样本进行识别.

5.4 比较实验和分析

采用英国剑桥大学 Olivetti 实验室的 ORL 人脸数据库进行比较实验,该人脸库包含 40 人,每人有 10 幅不同表情和不同姿态的人脸图像,有的还包含戴眼镜和不戴眼镜两种图像. 总共有 400 幅图像,我们将每人的前 5 幅图像作为训练集,后 5 幅图像作为测试集,原始人脸图像的大小为 112×92. 图 5.8 是 ORL 人脸库中的部分人脸图像

图 5.8 ORL 数据库中的部分人脸图像

示例. 采样降维后的图像大小为 56×46，本实验中 ICA 提取的特征个数为 $10 \sim 40$. 根据一般神经网络参数的选择经验，取 BP 神经网络的隐含层神经元个数为 40，取输出层神经元个数为 40. 图 5.9 是用 FastICA 方法分离出的部分人脸基图像示例.

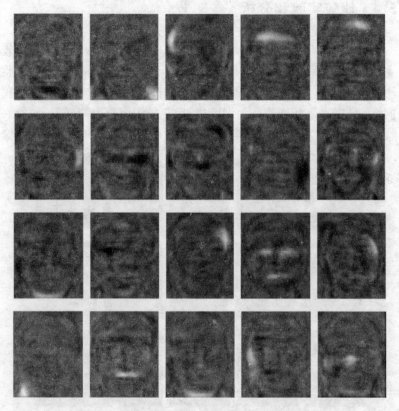

图 5.9 采用 FastICA 方法得到的部分人脸基图像

对 ORL 人脸库分别采用 PCA，PCABP，ICA 和 ICABP 四种方法进行实验，并统计取不同特征个数时测试集的识别率，将最高识别率作为该种方法的识别率，并称此时的特征个数为最佳特征个数. 实验结果如表 5.1 所示：

表 5.1 四种人脸识别方法的结果比较

人脸识别方法	人脸识别率/%	最佳特征个数
PCA	81.5	40
PCABP	87.5	30
ICA	81.0	35
ICABP	91.1	35

图 5.10 为特征个数在 10～40 之间变化时,上述四种方法的识别率变化曲线. 由此可见,这四种方法中,ICABP 法的识别率最高,比采用欧氏距离的 ICA 方法高出 10 个百分点以上,并且明显高于 PCABP 法. 此外,还可以看出,对于 ICA 和 ICABP 方法而言,选择的特征个数并不是越大越好,特征个数过大会出现过拟合现象[1]. 在特征个数取 35 左右时,本章所提出的 ICABP 法的人脸识别率达到最大值,为 91.1%.

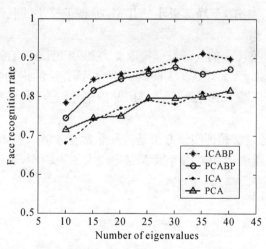

图 5.10 四种方法在不同特征个数时的性能比较

由于 ICA 方法存在次序和幅度的不确定性,而且 BP 网络的权值也存在一定的随机性,所以每次识别的结果都会有所差异. 为了保证数据的可靠性,本章中的实验数据均为 10 次以上实验的平均值.

文献[111]提出了一种基于 ICA 和遗传算法相结合的人脸识别方法,所用的人脸数据库及训练样本和测试样本的选取方法与本文方法相同(即两者在同一条件下进行比较),其最高识别率只有 86.25%,本文提出的 ICABP 方法的识别率可达 91.1%,由此可以看出该方法的识别率很高,具有一定的参考价值.

5.5 本章小结

本章提出了一种 ICA 和改进 BP 神经网络相结合的人脸识别方法,采用改进的三层 BP 网络对 ICA 降维后的人脸数据进行分类,提高了人脸的识别率,增强了人脸识别系统的鲁棒性. 其中 ICA 算法采用高效的 FastICA 算法,改进的 BP 算法采用动量法和学习率自适应调整相结合的策略,降低了网络对于误差曲面局部细节的敏感性,有效地抑制了网络陷于局部极小的几率,提高了算法的收敛速度和可靠性.

该方法将 ICA 的局部特征提取能力和 BP 网络的自适应性能有效地结合起来,大大提高了人脸的识别率. 该方法的识别性能优于标准 PCA 法、标准 ICA 法和 PCA 与 BP 网络相结合的 PCABP 法这三种方法.

最后,通过实验证实该方法是一种非常有效的人脸识别方法,特别是对于人脸表情和姿态等因素变化较大的人脸库,识别率提高的效果更加明显.

第六章 ICA 在图像处理中的应用

ICA 是一种新颖的盲源分离技术,目前已经在语音识别、图像处理、通信系统和信号处理等领域得到了广泛的关注和应用[1—4].早期的 ICA 方法主要是用来处理语音、脑电等一维信号的,随着研究的深入,ICA 在图像中的应用越来越多[1,20].本章结合前几章对 ICA 方法的研究和 ICA 用于图像处理的有关文献,进一步推广了 ICA 在图像处理中的应用.

本章主要将 ICA 用于图像处理中的三个方面,一是用于视频中运动目标的检测,二是用于数字图像水印的嵌入和检测,三是用于自适应图像降噪.

6.1 ICA 在运动目标检测中的应用

运动目标检测在军事和工业等领域有着广泛的应用前景,如军事目标跟踪、交通自动导航、视频信号传输和机器人视觉等[157].目前,运动目标检测的方法主要有差图像法和光流法[157].本节尝试利用前面提出的小波域 FastICA 算法来实现运动目标的检测,实验结果表明这是一种鲁棒性较强的运动目标检测方法.与传统的方法相比,该方法有较强的抗图像背景光照变化的能力,特别适合在摄像机固定不动情况下检测小物体的运动轨迹[110].

6.1.1 基于 WFastICA 的运动目标检测方法

在图像处理领域,ICA 的处理对象一般是多幅图像,而图像序列刚好满足这一条件.本节尝试用 ICA 方法来解决运动目标检测的问题. 运动目标检测要求一定的实时性,为此我们采用了前面第三章提出的速度比 FastICA 方法更快的改进算法 WFastICA 法.

首先建立算法的模型:设混合信号是包含固定背景和运动物体的图像序列,其中背景基本保持不变,可以认为是一个独立分量,运动物体在一系列图像中处于不同的位置并可能发生变化,可以认为是多个不同的独立分量. 运动目标检测的目的就是将这些独立分量分离开来,从而将运动物体从背景中分离出来,并给出运动物体的运动轨迹.

本节采用两个仿真实验来验证该方法的有效性,并分析该方法的优缺点. 传统的差图像法很难处理背景光照变化的情况,而对于 ICA 方法,背景灰度的变化基本不会影响运动目标和背景的分离,因为灰度虽然发生变化,但仍是同一独立分量. 因此,从这一角度来看,可以认为 ICA 具有更好的鲁棒性. 虽然 ICA 存在两个内在的不确定性问题,即分离信号的排列次序和幅度是无法确定的. 但是,在运动目标检测这一问题中,这两种不确定性的影响可以消除. 对于前者,可以采用以下方法来克服:分离出来的图像中只有一幅是背景图像,其余为运动物体的运动轨迹图像,将分离后的图像逐一与原图像序列中的任何一幅图像进行相关性比较,就可以很容易地找出背景图像,其余的图像即为运动检测的结果. 对于后者,可以通过图像灰度等级的归一化处理来克服,我们的目的是运动物体的检测,因此运动物体的灰度等级的改变不会影响检测的结果.

6.1.2 比较实验和分析

下面通过两个仿真实验来进行验证上述方法的有效性. 实验一针对背景光照不变的情况,实验二针对背景光照变化的情况.

实验一:本实验针对背景光照不变的情况,采用标准测试图像序列中的 Children 序列进行测试,选取第 196 至第 204 帧,共 9 帧图像,如图 6.1(图像的顺序是从左到右,从上到下)中其小球的运动方式是从上到下加速下落. 将这 9 幅图像当作混合图像,用 WFastICA 方法进行分离,图 6.2 是分离的结果(已经作了归一化处理),其中右下角的那幅图像是分离出来的背景图像,从其余的 8 幅图像可以清楚地看出小球的运动轨迹. 对分离结果再进行阈值处理就可以很容易地将运动的小球和两个小孩从背景图像中提取出来.

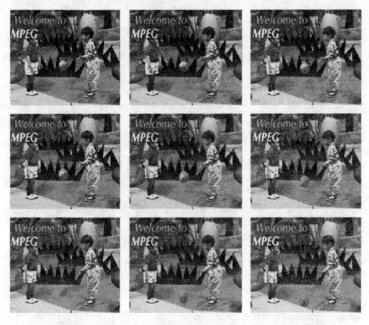

图 6.1 原始运动图像序列

实验二:本实验针对背景光照变化的情况,原始图像序列如图 6.3 所示,图中一辆卡车从上方驶入,为了说明本节方法的优点,背景光照的变化被人为地加强,同样采用 FastICA 方法进行分离,分离结果如图 6.4 所示,从左上角的分离图像可以明显看出卡车的运动轨迹,右下角的图像为分离出的背景图像.

图 6.2　WFastICA 算法分离结果(右下角为背景，其余为运动目标)

图 6.3　原始运动图像序列(光照变化)

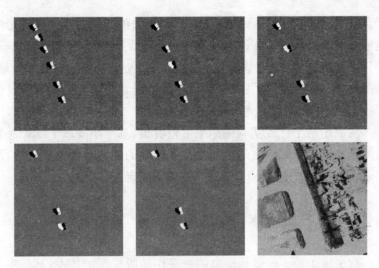

图 6.4　WFastICA 算法分离结果(右下角为背景,其余为运动目标)

图 6.5 为本文方法和差图像法的检测结果比较,其中图 6.5(a)为本文方法检测结果,由于 ICA 存在幅度不确定性问题,因此在图 6.4 的第一幅检测结果中有一辆卡车的灰度出现倒置,对照原图像序列将该区域的灰度等级反转后得到最终检测结果,如图 6.5(a)所示.图 6.5(b)为原始图像序列的第一帧和第二帧的差图像,可以看出由

(a)本文方法检测结果

(b)差图像法检测结果

图 6.5　检测结果比较

于背景光照的变化引入了背景干扰,如果阈值选取不当的话会影响运动目标检测的结果. 而在本文方法中,背景灰度的变化不会影响运动目标的检测,因为背景的灰度虽然改变了,但仍是同一独立分量. 从图 6.5(a) 的检测结果中可以很清楚地看出,基本上没有背景的干扰.

从上述两个比较实验的结果可以看出,基于小波域 FastICA 算法的运动目标检测方法的抗背景光照变化的能力较强,且可以检测出运动目标的轨迹. 缺点是只适合摄像机固定的情况.

6.2 ICA 在数字水印中的应用

数字水印是一种最具潜力的数字作品版权保护技术,其基本思想是将含有作者电子签名、商标和使用权限等的数字信息作为水印信号,嵌入到图像、文本、视频和音频等数字作品中,并且在需要的时候能够通过一定的检测手段抽取出水印,以此作为判断数字作品的版权归属和跟踪起诉非法侵权的证据[158]. 数字水印技术的研究,主要集中在空间域和变换域两个方面. 从综合性能分析,空间域数字水印方法对一些攻击的抵抗性较差,变换域的数字水印方法对有损压缩和其他信号处理具有较强的免疫力,因此更具优越性,目前占据了主要地位[158].

D. Yu[105] 首先将 ICA 方法用于图像水印的嵌入与检测,M. Shen[159] 采用 FastICA 算法对该方法进行了改进,F. J. Gonzalez-Serrano[160] 提出了一种基于图像统计独立特征的数字水印方法,刘琚等人[114,115] 对此也做了很多研究工作.

本节对 D. Yu 提出的采用 ICA 进行图像水印检测和提取的方法进行改进,提出了一种在小波域低频子图像中嵌入水印的方法,通过比较实验证实该方法可以获得更好的水印检测效果,具有更强的抗攻击能力.

6.2.1 基于 ICA 的图像水印方法

设计一个水印系统通常需要解决以下三个主要问题：(1) 设计一个嵌入到原始宿主信号 S 中的水印信号 W，通常水印信号 W 由密钥 K 和水印信息 M 组成，$W = f(M, R)$，或者与宿主信号 S 有关，$W = f(M, K, S)$.(2) 设计水印的嵌入方法，将水印信号 W 混合到宿主信号 S 中得到嵌入水印后的信号 $X = g(S, W)$.(3) 设计一个相应的水印检测方法，从混合信号 X 中恢复出水印信息 M，通常需要借助于密钥和原始信号，$M = h(X, K, S)$，或者在没有原始信号的情况下恢复水印信号，$M = h(X, K)$. 大多数水印方法都包含上述三个方面. 根据应用情况的不同，水印信息可以是数字、文本或图像；宿主信号可以是压缩的，也可以是未压缩的；密钥可以是公开的，也可以是保密的. 对本文研究的基于 ICA 的图像水印方法而言，水印信息是图像，宿主信号是未压缩的，密钥是公开的.

下面简单介绍一下基于 ICA 的图像水印嵌入机制和水印检测方法. 该方法采用水印图像 M 和密钥图像 K 同时嵌入到原始图像 S 中的双重安全机制，水印在空域以线性方式嵌入到原始图像中，为了保证嵌入水印的图像中水印不可见，通常要使密钥图像和水印图像的能量远低于原始图像的能量.

水印的嵌入方法如下[105]：

$$X = S + aK + bM \tag{6.1}$$

其中 a 和 b 都是很小的权系数，通常取 $0.01 \sim 0.1$.

通常权威部门要在只知密钥 K 的情况下检测和提取出水印 M，但是由 ICA 的可解性分析可知，观察到的混合信号的个数要大于或至少要等于独立的源信号的个数，否则 ICA 不可辨识. 因此，对于上述水印嵌入机制，如果要用 ICA 方法成功地检测出水印 M，至少需要知道三个由 S、K 和 M 线性混合的观测信号. 在密钥图像 K 和原始图像 S 的帮助下，可以得到另外两个混合信号. 这三个混合图像可表达为[105]：

$$
\begin{cases}
X_1 = X \\
X_2 = X + cK \\
X_3 = X + dS
\end{cases}
\tag{6.2}
$$

其中 c 和 d 可以是任意实数，但要保证三个混合信号不相关.

对上述三个混合信号采用 PCA 方法就能检测出混合图像中是否包含水印图像：PCA 方法去相关后，如果源信号的协方差矩阵只有两个特征值则表示没有水印，如果有三个特征值则表示有水印. 然后，采用 ICA 方法进行分解就可以得到三个独立的图像 S、K 和 M. 需要指出的是由于 ICA 不确定性的影响，分离出的图像次序和幅度不确定，可以结合先验知识进行重新排序和归一化处理.

上述基于 ICA 的图像水印嵌入和检测机制的算法框图如图 6.6 所示，其中虚框部分为水印嵌入过程，其余部分为水印提取过程.

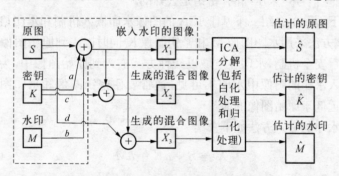

图 6.6　基于 ICA 的图像水印算法框图

6.2.2　基于 ICA 的图像小波域水印方法

在空域嵌入水印的方法虽然简单，但是容易受到攻击，鲁棒性较差，在变换域嵌入水印的方法对有损压缩和其他图像处理等攻击具有较强的抵抗能力[158]. 目前常用的变换方法有小波变换、DFT 变换和 DCT 变换等. 本节对上述基于 ICA 的图像水印方法进行了两点改进,一采用 FastICA 算法,不仅提高了水印的检测的速度,而且能够直接从提取出的独立分量的个数判断是否有水印;二是在小波域进行水印的嵌入与提取,提高了水印抵抗攻击的能力;同时,低频子图像的大小为原图的四分之一,计算量大大减少,算法的速度也更快.算法的实现框图如图 6.7 所示,其中虚框部分为水印嵌入过程,其余部分为水印提取过程.

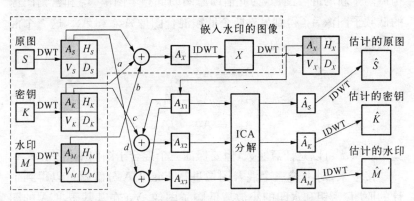

图 6.7　基于 ICA 的图像小波域水印算法框图

上述算法的数学描述为:原图 S 经过二维离散小波变换,得到四幅子图像,分别是低频子图像 A_S,水平方向高频子图像 H_S,垂直方向高频子图像 V_S 和对角方向高频子图像 D_S.同理对密钥图像 K 和水印图像 M 进行小波变换,得到 A_K、H_K、V_K、D_K 和 A_M、H_M、V_M、D_M.选择低频子图像 A_S 进行密钥和水印嵌入,得到混合的低频子图像 A_X 为:

$$A_X = A_S + aA_K + bA_M \tag{6.3}$$

对 A_X 进行小波逆变换得到嵌入水印的图像 X:

$$X = \text{IDWT}(A_X, H_S, V_S, D_S) \tag{6.4}$$

水印的检测过程为:对嵌入水印的图像 X 进行小波变换得到四幅子图像:

$$[A_X,\, H_X,\, V_X,\, D_X] = \mathrm{DWT}(X) \tag{6.5}$$

其中,DWT($\cdot$)表示二维离散小波变换,IDWT($\cdot$)表示二维离散小波逆变换.

若考虑嵌入水印的图像 X 遭到攻击,则用遭到攻击后的嵌入水印的图像代替上式中的 X. 同样,根据 ICA 的求解约束条件,需要再构造两个新的混合图像,为此借助原图的低频子图像 A_S 和密钥图像的低频子图像 A_K 得到另外两个低频混合图像 A_{X2} 和 A_{X3},这三个混合低频子图像可表达为:

$$\begin{cases} A_{X_1} = A_X \\ A_{X_2} = A_X + cA_K \\ A_{X_3} = A_X + dA_S \end{cases} \tag{6.6}$$

其中 c 和 d 可以是任意实数,但要保证三个混合子图像不相关.

接下来,对上述三个混合图像进行 FastICA 分解就可以得到估计的原图、密钥和水印的小波域低频子图像. Yu 在其基于 ICA 的图像水印方法中采用的是一种简单的非线性批处理算法来进行 ICA 分离,该算法的缺点是计算量较大. 为此,我们采用效率较高的 FastICA 算法来进行 ICA 分离,从而可以提高算法的速度,且可以直接根据提取出的独立分量的个数判断是否有水印.

ICA 分离后即可得到估计的 S、K 和 M 的小波域低频子图像 $\hat{A}_S$、$\hat{A}_K$ 和 $\hat{A}_M$,再通过小波逆变换就可恢复出原图、密钥图像和水印图像. 如果嵌入的水印图像的大小为原图的四分之一,则无需对水印图像进行小波变换,直接嵌入低频子图像即可,而且 ICA 分解后也无需对其进行反变换. 本文只考虑小波变换尺度为 1 的情况,此外可以考虑多尺度的情况和选择不同子图进行水印嵌入的情况.

需要指出的是,由于 ICA 的输出存在信号的次序和幅度不确定性,因此需要对分离出的三个独立图像进行排序和归一化处理. 假设原始图像和密钥是已知的,而水印图像是未知的,只需按照最大相似度的法则,就可以从三个信号中找出估计的原图和密钥,剩下的即为水印. 由于水印的检测过程利用了一定的先验知识,因此 ICA 的不确定性对水印检测来说基本上没有影响.

6.2.3 比较实验和分析

下面通过一系列的水印嵌入、检测和攻击实验来检验上述两种水印方法的有效性,并对这两种水印方法的水印检测性能进行比较.

在本小节的实验中,原始图像 S 采用 256×256 的 Lena 标准图像,如图 6.8(a)所示;密钥图像 K 采用二维的 sin 图像,如图 6.8(b)所示,其大小为 256×256,幅度为 $[0,255]$,周期为 $10\pi/256$,$K(i, j) = 255[\sin(10i\pi/256)\sin(10j\pi/256) + 1]/2$,$i = 1, 2, \cdots, 256$,$j = 1, 2, \cdots, 256$;水印图像由四个上海大学校徽组成,如图 6.8(c)所示. 混合系数分别为:$a = 0.02$,$b = 0.03$,$c = 0.4$,$d = -0.6$. 小波变换采用 bior3.4 双正交小波,为简单起见,本文只考虑变换尺度为 1 的情况.

(a) Lena 原图   (b) 密钥图像   (c) 水印图像

图 6.8 本实验所用图像

为叙述方便,我们称空域基于 ICA 的水印方法为 SICAW 法,称本文提出的小波域基于 ICA 的水印方法为 WICAW 法. 这两种水印方法中的 ICA 算法均采用 FastICA 算法. 本小节总共给出五种情况下的对比实验：实验 1 为无攻击情况下，上述两种方法的对比实验；
实验 2～5 为上述两种方法在四种不同攻击方式（缩放、滤波、JPEG
压缩和 JPEG2000 压缩）下的对比实验.

为了衡量水印检测的性能，本实验均采用如下归一化的相关系
数 r：

$$r = \frac{\sum_{i=1}^{N} x(i)\hat{x}(i)}{\sqrt{\sum_{i=1}^{N} x(i)^2 \sum_{i=1}^{N} \hat{x}(i)^2}} \tag{6.7}$$

其中 x 和 $\hat{x}$ 分别代表原始图像及其估计，其均值已归为零，N 为图像
的像素数.

实验 1：（无攻击）首先，给出无攻击时 SICAW 法的实验结果，图
6.9 为 SICAW 法在无攻击有水印情况下的实验结果，图 6.10 为

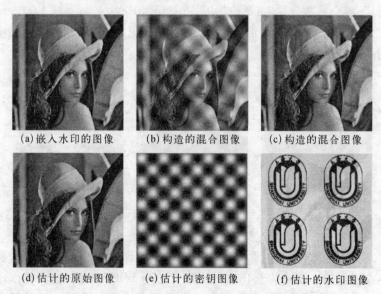

(a)嵌入水印的图像　　(b)构造的混合图像　　(c)构造的混合图像

(d)估计的原始图像　　(e)估计的密钥图像　　(f)估计的水印图像

图 6.9　无攻击有水印情况下 SICAW 法的实验结果

SICAW法在无攻击无水印情况下的实验结果,其中 ICA 估计的图像根据先验知识进行排序和归一化处理.

(a)未嵌入水印的图像　　(b)构造的混合图像　　(c)构造的混合图像

(d)估计的原始图像　　　(e)估计的密钥图像

图 6.10　无攻击无水印情况下 SICAW 法的实验结果

其次,给出无攻击时 WICAW 法的实验结果,图 6.11 为 WICAW 法在无攻击有水印情况下的实验结果,限于篇幅,省略 WICAW 法在无攻击无水印情况下的实验结果.

采用(6.7)式来衡量上述两种方法的水印检测性能,上述实验中 ICA 分离出的原始图像、密钥图像和水印图像的估计值与对应的原始图像、密钥图像和水印图像之间的相关系数如表 6.1 所示.从中可以看出,WICAW 法检测出的原始图像要明显优于 SICAW 法,但是两者检测水印的能力相当.在接下来的其他抗攻击实验中,我们将看到前者检测水印的能力要明显优于后者.

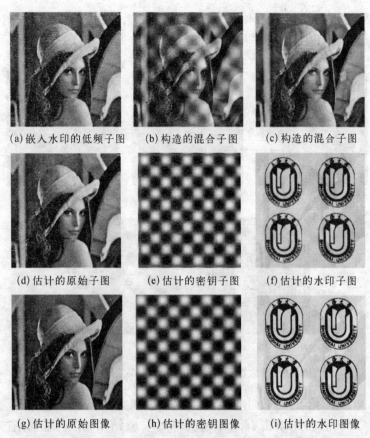

(a) 嵌入水印的低频子图　　(b) 构造的混合子图　　(c) 构造的混合子图

(d) 估计的原始子图　　(e) 估计的密钥子图　　(f) 估计的水印子图

(g) 估计的原始图像　　(h) 估计的密钥图像　　(i) 估计的水印图像

图 6.11　无攻击有水印情况下 WICAW 法的实验结果

表 6.1　无攻击情况下 SICAW 法和 WICAW 法的水印检测性能比较

相 关 系 数 r		原始图像 S	密钥图像 K	水印图像 M
SICAW 法	有水印	0.997 6	0.999 5	0.999 1
	无水印	0.997 1	0.999 5	N/A
WICAW 法	有水印	0.999 7	0.999 6	0.999 1
	无水印	0.999 8	0.999 6	N/A

实验 2：（比例缩放攻击）本实验给出嵌入水印的图像受到比例缩放攻击时，上述两种方法的抗攻击性能比较，实验结果如图 6.12 所示，其中实线为 SICAW 法，虚线为 WICAW 法. 从中可以看出，当图像缩小时 WICAW 法的水印检测效果要优于 SICAW 法；当图像放大时，两者的检测性能相差不大. 原因是图像放大时，嵌入的水印信息没有丢失，相当于没有缩放时的情况，所以两种方法的检测性能相当.

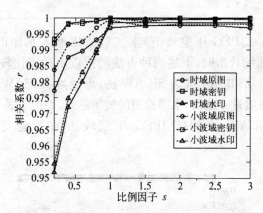

图 6.12　比例缩放攻击时 SICAW 法和 WICAW 法的水印检测性能比较

实验 3：（图像滤波攻击）本实验给出嵌入水印的图像受到均值滤波和高斯滤波时，上述两种方法的抗攻击性能比较，实验结果如表 6.2 所示，其中 3×3 和 5×5 表示滤波器的大小. 从中可以看出，当图像受到滤波攻击时，WICAW 法检测水印的能力要优于 SICAW 法.

表 6.2　图像滤波攻击时 SICAW 法和 WICAW 法的水印检测性能比较

	相 关 系 数 r	原始图像 S	密钥图像 K	水印图像 M
SICAW 法	均值滤波(3×3)	0.993 2	1.000 0	0.929 8
	均值滤波(5×5)	0.991 2	1.000 0	0.915 6
	高斯滤波(3×3)	0.994 2	1.000 0	0.942 7
	高斯滤波(5×5)	0.996 3	0.999 5	0.943 9

续　表

相 关 系 数 r		原始图像 S	密钥图像 K	水印图像 M
WICAW 法	均值滤波(3×3)	0.996 8	0.999 6	0.940 4
	均值滤波(5×5)	0.995 5	1.000 0	0.934 8
	高斯滤波(3×3)	0.996 9	1.000 0	0.955 1
	高斯滤波(5×5)	0.999 1	0.996 7	0.955 8

实验 4：（JPEG 压缩攻击）本实验给出嵌入水印的图像受到 JPEG 有损压缩攻击时,上述两种方法的抗攻击性能比较,实验结果如图 6.13 所示,其中实线为 SICAW 法,虚线为 WICAW 法. 从中可以看出,压缩质量 q 越高,水印检测的效果越好,原因是丢失的水印信息越少；WICAW 法的抗 JPEG 压缩攻击的性能要明显优于 SICAW 法.

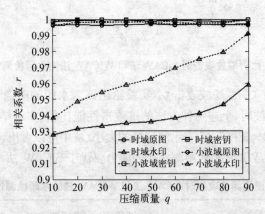

图 6.13　JPEG 攻击时 SICAW 和 WICAW 方法的水印检测性能比较

实验 5：（JPEG2000 压缩攻击）本实验给出嵌入水印的图像受到 JPEG2000 有损压缩攻击时,上述两种方法的抗攻击性能,实验结果如图 6.14 所示,其中实线为 SICAW 法,虚线为 WICAW 法. 从中可以看出,压缩倍数 m 越高,水印检测的效果越差,原因是丢失的水印信息越多；WICAW 法的抗 JPEG2000 压缩攻击的性能要明显优于SICAW 法.

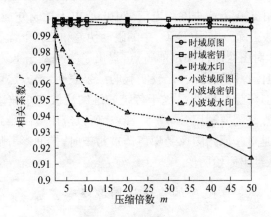

图 6.14 JPEG2000 攻击时 SICAW 和 WICAW
方法的水印检测性能比较

通过以上一系列的抗攻击的对比实验,可以得出结论：本节提出在小波域嵌入图像水印的 WICAW 法可以在不知道水印图像及其混合系数的情况下检测出水印图像,算法的鲁棒性很高,可以有效地抵抗图像缩放、低通滤波、JPEG 和 JPEG2000 有损压缩的攻击,该方法的水印检测性能和抗攻击性能要明显优于在空域直接嵌入图像水印的 SICAW 法.

6.3 ICA 在自适应图像降噪中的应用

自适应降噪(Adaptive Noise Cancelling)方法是一种结合参考噪声信号的降噪方法[161]. H. Park[161]提出了一种基于 ICA 的自适应降噪方法,并通过一系列声音信号的降噪实验,证实该方法的降噪性优于传统的基于最小均方误差(Least Mean Squares, LMS)的自适应降噪方法. 即使参考噪声信号无法直接获得,只要观测信号混入同一噪声源产生的噪声(方差不同),采用 ICA 分离技术就能很好地将原信号和噪声信号分离出来. 基于 ICA 的降噪技术应用范围很广,如 M. Haritopoulos[152]采用基于 SOM 的 NLICA 方法实现图像的降噪,周卫东[75]采用 ICA 方法去除脑电信号中的心电干扰成分,万柏坤[76]采用 ICA 方法去除脑电图(EEG)中的眼动伪差和工频干扰等.

本节针对图像加性噪声的特点,提出了一种基于 ICA 的有选择性的自适应图像降噪方法,比较实验的结果表明,该方法可以获得很高的信噪比,降噪性能明显优于传统的维纳滤波和小波阈值等降噪方法. 其缺点是需要利用参考噪声图像,所以应用范围受到一定的限制. 其优点是对于原始图像受噪声严重污染时,借助参考噪声图像可以很好地恢复出原始图像.

6.3.1 基于 ICA 的自适应图像降噪方法

常用的自适应降噪方法为最小均方误差(LMS)法,其算法框图如图 6.15 所示,其中 Filter 为自适应滤波器,n_1 为参考噪声,与 n_0 来自同一噪声源.

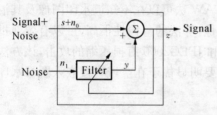

图 6.15 自适应图像降噪算法框图

ICA 用于图像降噪的研究不是很多,我们认为主要有两个原因:其一是参考噪声图像获取困难,如果两幅图像受到不同噪声的污染,那么相当于存在三个独立的信号,此时用 ICA 方法很难从两幅混合图像中分离出原始图像;其二是图像叠加噪声之后,像素的灰度等级可能会溢出,从而丢失了很多重要的信息.

本节提出了一种基于 ICA 的自适应图像降噪方法,假设某一图像受到同一噪声源的两次不同污染,即噪声的方差不同,该思路与文献[161]相同. 在 ICA 的分离过程中,排除灰度等级为 255 的像素的干扰,得到两个新的混合图像;在 ICA 分离之后,用得到的分离矩阵乘上原混合图像就可得到分离的原图像和噪声图像. 该方法降低了灰度等级溢出对 ICA 分离性能的影响,提高了算法的性能.

该算法的实现过程如下:

设原始图像为 S,参考噪声图像为方差等于 1 的高斯白噪声图像 n,两次混入噪声的方差不同,分别为 σ_1 和 σ_2,则混合过程可用下式来表示:

$$\begin{cases} X_1 = \text{round}(S + \sigma_1 n) \\ X_2 = \text{round}(S + \sigma_2 n) \end{cases} \tag{6.8}$$

其中 $\text{round}(\cdot)$ 表示四舍五入取整符号,同时将小于 0 的数转换为 0,将大于 255 的数转换为 255.

将混入噪声的图像 X_1 和 X_2 按行堆叠成列向量 $\boldsymbol{x}_1 = [x_1(1), x_1(2), \cdots, x_1(N)]^{\text{T}}$ 和 $\boldsymbol{x}_2 = [x_2(1), x_2(2), \cdots, x_2(N)]^{\text{T}}$,其中 N 为图像的像素个数. 找出其中灰度级等于 255 的像素点的位置:

$$\begin{cases} p(i) = 1, & x_1(i) = 255 \text{ 或 } x_2(i) = 255; \\ p(i) = 0, & \text{其他,} \end{cases} \quad i = 1, 2, \cdots, N$$

$$\tag{6.9}$$

对向量 $\boldsymbol{x}_1$ 和 $\boldsymbol{x}_2$ 进行筛选处理,保留与 $p(i) = 0$ 相对应的元素,得到新的向量 $\boldsymbol{x}_1'$ 和 $\boldsymbol{x}_2'$. 假设 $\sum_{i=1}^{N} p(i) = M$,则列向量 $\boldsymbol{x}_1'$ 和 $\boldsymbol{x}_2'$ 的维数为 $(N - M)$ 维.

采用 FastICA 方法对 $\boldsymbol{x}_1'$ 和 $\boldsymbol{x}_2'$ 进行分离,得到独立分量 $\boldsymbol{y}_1'$、$\boldsymbol{y}_2'$ 和分离矩阵 $\boldsymbol{W}$. 则可得估计的源信号为:

$$[\boldsymbol{z}_1, \boldsymbol{z}_2]^{\text{T}} = \boldsymbol{W}[\boldsymbol{x}_1, \boldsymbol{x}_2]^{\text{T}} \tag{6.10}$$

其中 $\boldsymbol{z}_1$ 和 $\boldsymbol{z}_2$ 存在次序和幅度不确定性,为此我们采用(6.8)式计算 $\text{norm}(\boldsymbol{z}_1)$、$\text{norm}(-\boldsymbol{z}_1)$、$\text{norm}(\boldsymbol{z}_2)$ 和 $\text{norm}(-\boldsymbol{z}_2)$ 与噪声方差较小的含噪图像之间的相关系数,其中 $\text{norm}(\cdot)$ 表示将向量转换成二维的灰度图像,并将灰度等级归一化为 0～255,相关系数最大的图像即为估计的降噪图像.

6.3.2 比较实验和分析

本实验中原图为 256×256 的 Lena 标准图像,如图 6.16(a)所示;参考噪声图像为单位方差的高斯白噪声,图 6.16(b)为归一化后的参考噪声图像.

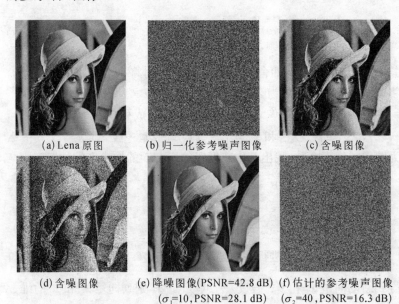

    (a)Lena 原图   (b)归一化参考噪声图像   (c)含噪图像

   (d)含噪图像   (e)降噪图像(PSNR=42.8 dB) (f)估计的参考噪声图像
                 (σ_1=10,PSNR=28.1 dB)   (σ_2=40,PSNR=16.3 dB)

图 6.16　基于 ICA 的自适应图像降噪方法

图 6.16(c)和图 6.16(d)为叠加不同方差的参考噪声图像之后的混合图像,其中图 6.16(c)所加噪声的方差为 $\sigma_1 = 10$,$\mathrm{PSNR} = 28.1$ dB,图 6.16(d)所加噪声的方差为 $\sigma_2 = 40$,$\mathrm{PSNR} = 16.3$ dB,其中 PSNR 为峰值信噪比,定义为:

$$\mathrm{PSNR} = 10\log_{10}\left(\frac{255^2}{\mathrm{MSE}}\right) \tag{6.11}$$

其中 MSE 为降噪图像与原始图像之间的均方误差(Mean Squared

Error,MSE).

图 6.16(e)和图 6.16(f)为采用 ICA 方法分离出的降噪图像和噪声图像,其中图 6.16(e)为降噪图像,PSNR＝42.8 dB,提高了 14.7 dB.将分离图像与含噪图像进行比较可以消除 ICA 的次序不确定性影响,但对于幅度不确定性的影响很难消除,如果直接将灰度等级归一化至 0~255 之间,则其灰度分布与原图的灰度分布差别很大,为此我们参照噪声较小的含噪图像的直方图进行了灰度拉伸处理.图 6.16(f)为分离出的噪声图像,其灰度等级已归一化至 0~255 之间.

图 6.17 和图 6.18 分别为采用维纳滤波和小波阈值降噪后的图像,其中维纳滤波后峰值信噪比分别为 31.3 dB 和 23.0 dB,分别比原含噪图像提高了 3.2 dB 和 6.7 dB.其中小波阈值降噪方法采用文献[162]提出的改进方法,降噪图像的峰值信噪比分别为 31.4 dB 和 23.2 dB,分别比原含噪图像提高了 3.3 dB 和 6.9 dB.维纳滤波和小波阈值这两种降噪方法与本文方法相比性能相差很大,主要原因是这两种方法没有利用参考的噪声图像.本文方法的局限性也正在于此,该方法只适用于噪声源相同的情况,其应用范围具有一定的局限性.

(a) 降噪图像(PSNR=31.3 dB)　　　(b) 降噪图像(PSNR=23.0 dB)

图 6.17　维纳滤波降噪

    (a) 降噪图像(PSNR=31.3 dB)   (b) 降噪图像(PSNR=23.2 dB)

图 6.18　小波阈值降噪

　　为了进一步说明该方法的降噪性能,下面给出另外两种情况的实验结果,噪声的方差分别为 $\sigma_1 = 10$, $\sigma_2 = 20$ 和 $\sigma_1 = 20$, $\sigma_2 = 40$. 实验数据见表 6.3,从中可以看出该方法的降噪性能要明显优于其他两种常用的图像降噪方法. 对于噪声方差较小的情况(实验 1),ICA 降噪方法与其他两种降噪方法相比 PSNR 提高了 16 dB 左右,对于噪声方差较大的情况(实验 2),PSNR 提高了 15 dB 左右,提高的幅度都比较大,说明该方法的优势比较明显,适合处理图像受到同一噪声严重污染的情况.

表 6.3　基于 ICA 的自适应图像降噪方法与维纳滤波、
小波阈值降噪方法的性能比较

PSNR(dB)		噪声图像	维纳滤波	小波阈值	ICA 方法
实验 1	$\sigma_1 = 10$	28.1	31.3	31.4	47.9
	$\sigma_2 = 20$	22.1	27.9	27.5	
实验 2	$\sigma_1 = 10$	28.1	31.3	31.4	42.8
	$\sigma_2 = 40$	16.3	23.0	23.2	
实验 3	$\sigma_1 = 20$	22.1	27.9	27.5	32.7
	$\sigma_2 = 40$	16.3	23.0	23.2	

此外,我们还通过实验比较了 ICA 方法和 LMS 方法的去噪效果,证实对于混入高斯噪声的情况,两者的去噪效果相当,但是对于混入超高斯噪声的情况(如拉普拉斯分布),ICA 方法的去噪效果要明显优于 LMS 方法. 因为高斯信号只需用一阶和二阶统计量就可以描述,其高阶统计量为零;而 ICA 方法利用了信号的高阶统计量,更适合用于超高斯噪声的去除. 限于篇幅,不再给出 ICA 方法和 LMS 方法的比较实验.

6.4 本章小结

本章推广了 ICA 方法在图像处理中的应用,分别将 ICA 方法用于运动目标检测、图像水印嵌入和提取以及自适应图像降噪等方面.

首先提出了一种基于小波域 FastICA 的运动目标检测方法,该方法的优点是可以检测出目标的运动轨迹,且对于背景光照变化的情况具有较好的适应性.

其次,提出了一种基于 ICA 的图像小波域水印嵌入和检测方法,该方法的优点是无需知道水印图像及其混入原始图像的强度,其抗攻击性能优于直接在空域进行水印嵌入和提取的方法.

最后,提出了一种基于 ICA 的自适应图像降噪方法,该方法可以获得很高的峰值信噪比,适合处理原始图像受到同一背景噪声严重污染的情况.

本章共提出了三种 ICA 用于图像处理中的改进方法,对每种方法都进行了详细的分析,并通过一系列比较实验证实了它们的有效性.

第七章 总结和展望

7.1 本论文的主要工作总结

  本论文在对独立分量分析(ICA)方法进行总结和分析的基础上,围绕 ICA 在图像处理中的各个应用场合,进行了大量的研究工作,将 ICA 和小波变换、自组织映射(SOM)、BP 神经网络等方法结合起来,提出了三种改进的 ICA 方法:(1) 小波域自然梯度算法(WNGA),(2) 基于 SOM 的非线性 ICA(NLICA)的初始化方法,(3) 基于 ICA 和改进 BP 网络的人脸识别方法.

  并尝试将改进的 ICA 方法用于图像处理中的多个方面,包括运动目标检测、图像水印的嵌入与提取和自适应图像降噪等,并提出了三种相应的解决方法:(1) 基于小波域 FastICA 算法的运动目标检测方法,(2) 基于 ICA 的图像小波域水印嵌入与检测方法(WICAW),(3) 有选择性的图像自适应降噪方法. 此外,本文对非线性 ICA 方法也进行了初步的研究.

  本论文对 ICA 方法进行改进及其在图像处理中的应用研究具有一定的实际意义. 论文的主要创新点和研究成果为:

  (1) 对常用的 ICA 目标函数和学习算法进行了归纳和总结,给出了最大化负熵、最小化互信息和最大似然估计三种目标函数的等价性证明,并讨论了在线自适应批处理自然梯度算法的性能,采用常微分方法分析了算法的稳定条件,给出了学习步长的选择方法和算法性能的衡量指标,并对定点算法和自然梯度算法的学习性能进行了比较.

  (2) 提出了一种基于二维小波变换的 ICA 方法,并采用误差扰动的方法对离线批处理的自然梯度算法的精确度进行了分析,从理论上证明:当源信号概率密度相同且非线性函数为双曲正切函数时,自然梯度算法的稳态误差与源信号的峭度的平方成反比. 由于小波域高频子图像的分布可用拉普拉斯分布来近似,其峭度要远大于原始图像,因此在小波域进行 ICA 分解可以获得更高的精度. 此外,高频子图像的大小为原图的四分之一,因此算法的收敛速度也可明显提高. 本论文对 FastICA 算法的收敛特性也进行了分析,结论是该算法的收敛速度与源信号的峭度无关.

(3) 针对基于自组织映射(SOM)的非线性 ICA(NLICA)方法的缺点,提出了一种具有全局拓扑保持特性的网络权值初始化方法. 该方法可以明显提高网络的收敛速度,而且可以有效地避免算法陷入局部极小. 同时,在混合方式基本不变的情况下,该方法可以使输出信号的次序和符号保持不变,减小了 ICA 问题中的不确定性的影响. 为了衡量该初始化方法的拓扑保持特性,本文还提出了一个简单的拓扑度量函数,并给出了一维信号和二维图像的盲分离仿真实验,实验结果证实该方法是有效的.

(4) 提出了一种基于 ICA 和改进 BP 网络的人脸识别方法,将 ICA 的局部特征提取能力和 BP 网络的自适应性能有效地结合起来,大大提高了人脸的识别率. 与基于 PCA 的特征脸方法相比,基于 ICA 的人脸识别方法更加有效,前者提取的特征向量是互不相关的,而后者提取的特征向量是统计独立的. 结合改进的 BP 网络,进一步提高了算法的识别率. 实验证实该方法对于人脸表情和姿态变化较大的数据库具有很好的适应性,算法的鲁棒性很强.

(5) 推广了 ICA 在图像处理中的应用,将 ICA 用于运动目标检测、数字图像水印嵌入与提取以及自适应图像降噪等方面,并提出了三种相应的改进方法:首先,提出了一种基于小波域 FastICA 的运动目标检测方法,该方法的优点是可以检测出运动目标的运动轨迹,且当背景的光照发生变化时,该方法具有很好的适应性,优于传统的差图像法. 其次,提出了一种基于 ICA 的图像小波域水印嵌入和提取方法,该方法的优点是可以在不知道原水印图像及其混入原始图像的强度时检测出水印图像,算法的鲁棒性很强,实验证实该方法的抗攻击性能优于空域基于 ICA 的水印嵌入方法. 最后,提出了一种有选择性的基于 ICA 的自适应图像降噪方法,该方法可以获得很高的峰值信噪比,在图像受到噪声严重污染时,借助参考噪声图像可以很好地恢复出原始图像.

本论文提出的三种 ICA 改进算法及其在图像处理中的应用所取得的研究成果已经分别在《电子学报》、《电子与信息学报》、《计算机工程与应用》、《计算机工程》和《SPIE 国际会议》上发表或录用. 对于推动 ICA 算法的研究和应用具有一定的积极意义,特别是本论文将 ICA 用于图像处理中的多个方面具有一定的创新意义和参考价值.

7.2　进一步研究的展望

ICA 的研究方兴未艾,新的问题和算法层出不穷,本论文仅讨论和研究了一些常用的算法,主要探讨了 ICA 在图像处理中的应用. 实际上 ICA 的应用范围很广,相信在不久的将来还会涌现出更多的算法和更广的应用场合. 主要有以下几个方面可作进一步的研究:

(1) 含噪 ICA,目前大多数 ICA 算法都是基于无噪模型的,而含噪模型更符合实际情况,值得进一步地研究,所取得的成果将更具实用价值.

(2) 算法全局收敛性的研究,可以考虑将遗传算法、混沌算法等具有全局收敛性的优化算法和 ICA 结合起来,提高算法的全局收敛性.

(3) 非线性 ICA,目前对该问题的研究还处于起步阶段,大多数非线性算法只能处理简单的后非线性混合情况,如何解决更复杂的非线性混合问题是一个极具挑战性的课题,也更具实际意义.

（4）在算法的应用方面，特别是在图像处理领域，ICA 可以取得进一步的发展，如可以在虹膜识别、视频处理、遥感图像处理和图像复原等方面作进一步的研究. 目前的关键问题是如何将理论算法转化为实际应用，以及如何建立更加符合实际情况的模型等.

参 考 文 献

1 斯华龄,张立明. 智能视觉图像处理——多通道图像的无监督学习方法及其他方法. 上海：上海科技教育出版社,2002

2 杨行峻,郑君里. 人工神经网络与盲信号处理. 北京：清华大学出版社,2003

3 高隽. 智能信息处理方法导论. 北京：机械工业出版社,2003

4 Hyvärinen A. , Karhunen J. , Oja E. *Independent Component Analysis*. John Wiley & Sons, Inc. , 2001

5 Roberts S. , Everson R. *Independent Component Analysis: Principles and Practice*. Cambridge University Press, Cambridge, UK, 2001

6 王惠刚. 自适应盲信号处理理论及应用研究. 西北工业大学博士学位论文, 2002

7 Zhukov L. , Weinstein D. , Johnson C. Independent component analysis for EEG source localization. *IEEE Engineering in Medicine and Biology Magazine*, 2000；**19**(3)：87 - 96

8 Vigario R. , Sarela J. , *et al*. Independent component approach to the analysis of EEG and MEG recordings. *IEEE Transactions on Biomedical Engineering*, 2000；**47**(5)：589 -593

9 龙飞. 脑电消噪的独立分量分析方法及其应用研究. 安徽大学硕士学位论文, 2002

10 Fang Y. , Chow T. W. S. Blind equalization of a noisy channel by linear neural network. *IEEE Transactions on Neural Networks*, 1999；**10**(4)：918 - 923

11 Amari S. , Douglas S. C. , Cichocki A. , *et al*. Multichannel

blind deconvolution and equalization using the natural gradient. *Proc. IEEE Workshop Signal Processing and Advances in Wireless Communications*, Paris, 1997; 101 – 103

12 范嘉乐. 高速率无线通信系统盲均衡与多用检测的研究. 上海大学硕士学位论文，2003

13 Asano F. , Ikeda S. , Ogawa M. Combined approach of array processing and independent component analysis for blind separation of acoustic signals. *IEEE Transactions on Speech and Audio Processing*, 2003; **11**(3): 204 – 215

14 Saruwatari H. , Kawamura T. , Shikano K. Fast-convergence algorithm for ICA-based blind source separation using array signal processing. *Proceedings of the 11th IEEE Signal Processing Workshop on Statistical Signal Processing*, 2001; 464 –467

15 Papadias C. B. , Paulraj A. A constant modulus algorithm for multi-user signal separation in presence of delay spread using antenna arrays. *IEEE Signal Processing Letters*, 1997; **4**: 178 –181

16 Sattar, F. Siyal M. Y. , Wee L. C. , *et al*. Blind source separation of audio signals using improved ICA method. *Proceedings of the 11th IEEE Signal Processing Workshop on Statistical Signal Processing*, 2001; 452 – 455

17 Lee J. H. , Jung H. Y. , Lee T. W. , *et al*. Speech enhancement with MAP estimation and ICA-based speech features. *Electronics Letters*, 2000; **36**(17): 1506 – 1507

18 Park, H. M. Jung H. Y. , Lee T. W. , *et al*. Subband-based blind signal separation for noisy speech recognition. *Electronics Letters*, 1999; **35**(23): 2011 – 2012

19 Lambert R. , Bell A. Blind separation of multiple speakers in a

multipath environment. *ICASSP*, Munich, Germany, 1997; 423 – 426

20 Lee T. W. , Lewicki M. S. Unsupervised image classification, segmentation and enhancement using ICA mixture models. *IEEE Transactions on Image Processing*, 2002; **11**（3）: 270 –279

21 Hansen L. K. , Larsen J. , Kolenda T. *Multimedia image and video processing: On independent component analysis for multimedia signals*, CRC Press, 2000; 175 – 199

22 Hurri J. , Hyvärinen A. , Karhunen J. , *et al*. Image feature extraction using independent component analysis. *Proceedings of IEEE Nordic Conference on Signal Processing*, Proc. *NORSIG'96*, 1996; 475 – 478

23 倪晋平. 水声信号盲分离技术研究. 西北工业大学博士学位论文, 2002

24 Karhunen J. , Joutsensalo J. Representation and separation of signals using nonlinear PCA type learning. *Neural Networks*, 1994; **7**(1): 113 – 127

25 Karhunen J. , Pajunen, Oja E. Nonlinear PCA type approaches for source separation and indepen P. dent component analysis. *Proceedigns of the 1995 IEEE International Conferences on Neural Networks*（ICNN'95）, 1995; 995 – 1000

26 Oja E. The nonlinear PCA learning rule and signal separation— Mathematic analysis. *Neurocomputing*, 1997; **17**: 25 – 45

27 Cardoso J. F. , Comon P. Independent component analysis: a survey of some algebraic methods. *Proceedings of IEEE International Symposium on Circuits and Systems*, ISCAS'96, 1996; **2**: 93 – 96

28   Hyvärinen A. , Oja E. Independent component analysis：algroithms and applications. *Neural Networks*, 2000；**13**(4)：411 – 430

29   Lee T. W. *Independent component analysis: Theory and application*. Boston：Kluwer Academic Publishers, 1998

30   Keshia N. L. A survey paper on independent component analysis. *Proceedings of the Thirty-fourth Southeastern Symposium on System Theory*, 2002；239 – 242

31   Jutten C. , Herault J. Blind separation of sources, part I：An adaptive algorithm based on neuromimetic architecture. *Signal Processing*, 1991；**24**(1)：1 – 10

32   张洪渊，史习智. 一种任意信号源盲分离的高效算法. 电子学报, 2001；**29**(10)：1392 – 1396

33   Cardoso J. F. Blind identification of independent signals. *Proceedings of Workshop on Higher-Order Specral Analysis*, Vail, Colorado, USA, 1989

34   Comon P. Separation of stochastic processes whose a linear mixture is observed. *Proceedings of Workshop on Higher-Order Spectral Analysis*, Colorado, 1989；174 – 179

35   Cardoso J. F. , Souloumiac A. Blind beamforming for non Gaussian signals. *IEE Proceedings-F*, 1993；**140**(6)：362 – 370

36   Comon P. Independent component analysis：A new concept? *Signal Processing*, 1994；**36**(3)：287 – 313

37   Cichocki A. , Unbehauen R. , Rummert E. Robust learning algorithm for blind separation of signals. *Electronics Letters*, 1994；**30**(17)：1386 – 1387

38   Cichocki A. , Unbehauen R. Robust neural networks with on-line learning for blind identification and blind separation of sources. *IEEE Transactions on Circuits and Systems*, 1996；

43(11): 894 – 906

39 Oja E. , Ogawa, H. Wangviwattana J. Learning in nonlinear constrained Hebbian networks. *Proceedings of International Conference on Artificial Neural Networks （ICANN'91）*, Espoo, Finland, 1991; 385 – 390

40 Oja E. , Ogawa H. , Wangviwattana J. Principal component analysis by homogeneous neural networks, part I: the weighted subspace criterion. *IEICE Transactions on Information and Systems*, 1992; **E75 – D**(3): 366 – 375

41 Bell A. J. , Sejnowski T. J. An information-maximization approach to blind separation and blind deconvolution. *Neural Computation*, 1995; **7**: 1129 – 1159

42 Bell A. J. , Sejnowski T. J. Fast blind separation based on information theory. *Proceedings of International Symposium on Nonlinear Theory and Applications*, 1995; **1**: 43 – 47

43 Bell A. J. , Sejnowski T. J. A non-linear information maximization algorithm that performs blind separation. *Advances in Neural Information Processing Systems 7*, MIT Press, 1995; 467 – 473

44 Choi S. , Cichocki A. , Amari S. Flexible independent component analysis. *Neural Networks for Signal Processing*, 1998; **8**: 83 – 93

45 Amari S. , Cichocki A. Adaptive blind signal processing-neural network approaches. *Proceedings of the IEEE*, 1998; **86**(10): 2026 – 2048

46 Cruces S. , Castedo L. , Cichocki A. Novel Blind Source Separation Algorithms Using Cumulants. *IEEE International Conference on Acoustics, Speech, and Signal Processing V*, Istanbul, Turkey, 2000; 3152 – 3155

47 Cardoso J. F. , Laheld B. H. Equivariant adaptive source separation. *IEEE Transactions on Signal Processing*, 1996; **44**(12): 3017 – 3030

48 Hyvärinen A. , Oja E. A fast fixed-point algorithm for independent component analysis. *Neural Computation*, 1997; **9**(7): 1483 – 1492

49 Hyvärinen A. A family of fixed-point algorithms for independent component analysis. *Proceedings of IEEE International Conferences on Acoustics, Speech and Signal Processing* (*ICASSP'97*), Munich, Germany, 1997; 3917 –3920

50 Hyvärinen A. Fast and robust fixed-point algorithms for independent component analysis. *IEEE Transactions on Neural Networks*, 1999; **10**(3): 626 – 633

51 Lee T. W. , Girolami M. , Sejnowski T. J. Independent component analysis using an extended infomax algorithm for mixed sub-gaussian and super-gaussian sources. *Neural Computation*, 1999; **11**(2): 417 – 441

52 Cardoso J. F. Infomax and maximum likelihood for blind separation. *IEEE Signal Processing Letters*, 1997; **4** (4): 112 –113

53 Karhunen J. , Pajunen P. , Oja E. The nonlinear PCA criterion in blind source separation: Relations with other approaches. *Neurocoputing*, 1998; **22**: 5 – 20

54 Oja E. Nonlinear PCA criterion and maximum likelihood in independent component analysis. *Proceedings of International Workshop on Independent Component Analysis and Signal Separation* (*ICA'99*), 1999; 143 – 148

55 Cichocki A. , Amari S. *Adaptive Blind Signal and Image*

Processing: Learning Algorithms and Applications. John Wiley & Sons，2002

56 张贤达. 时间序列分析——高阶统计量方法. 北京：清华大学出版社，1996

57 杨福生，洪波，唐庆玉. 独立分量分析及其在生物医学工程中的应用. 国外医学生物医学工程分册，2000；**23**（3）：129 - 134；188

58 张贤达，保铮. 盲信号分离. 电子学报，2001；**29**（12A）：1766 -1771

59 焦李成，马海波，刘芳，等. 多用户检测与独立分量分析：进展与展望. 自然科学进展，2002；**12**（4）：365 - 371

60 刘琚，顾明亮，何振亚，等. 一种新的瞬时混迭信号盲分离的自适应方法. 电路与系统学报，1998；**3**（4）：66 - 71

61 汪军，何振亚. 瞬时混叠信号盲分离. 电子学报，1997；**25**（4）：1 - 5

62 刘琚，聂开宝，李道真，等. 基于递归神经网络的信息理论盲源分离准则. 电路与系统学报，2001；**6**（1）：40 - 43

63 何振亚，刘琚，梅良模. 基于累积量展开的神经网络盲源分离方法. 通信学报，1999；**20**（Supplement）：76 - 82

64 何振亚，刘琚，杨绿溪，等. 盲均衡和信道参数估计的一种 ICA 和进化计算方法. 中国科学(E 辑)，2000；**30**（2）：142 - 149

65 虞晓，胡光锐. 基于统计估计的盲信号分离算法. 上海交通大学学报，1999；**33**（5）：566 - 569

66 凌燮亭. 近场宽带信号的盲分离. 电子学报，1996；**24**（7）：87 -92

67 谭丽丽，韦岗. 卷积混叠信号的最小互信息量盲分离算法. 通信学报，1999；**20**（10）：49 - 55

68 谢胜利，章晋龙. 基于旋转变换的最小互信息量盲分离算法. 电子学报，2002；**30**（5）：628 - 632

69 Xu L. Temporal BYY learning for state space appraoch, hidden markov model, and blind source separation. *IEEE Transactions on Signal Processing*, 2000; **48**(7): 2132 - 2143

70 杨俊安, 庄镇泉, 吴波, 等. 一种基于负熵最大化的改进的独立分量分析快速算法. 电路与系统学报, 2002; **7**(4): 37 - 40

71 赵知劲, 朱维彰. 一种信号盲分离的有效算法. 电路与系统学报, 2002; **7**(4): 72 - 75

72 华容, 苏中义. 基于遗传算法过程信号的盲分离. 上海交通大学学报, 2001; **35**(2): 319 - 322

73 倪晋平, 马远良, 鄢社锋. 一类基于非线性 PCA 准则的复数信号盲分离算法. 信号处理, 2002; **18**(1): 52 - 56

74 洪波, 唐庆玉, 杨福生, 等. ICA 在视觉诱发电位的少次提取与波形分析中的应用. 中国生物医学工程学报, 2000; **19**(3): 334 -341

75 周卫东, 贾磊, 李英远. 独立分量分析的研究和脑电中心电干扰的消除. 中国生物医学工程学报. 2002; **21**(3): 226 - 210

76 万柏坤, 朱欣, 杨春梅, 等. ICA 去除 EEG 中眼动伪差和工频干扰方法研究. 电子学报, 2003; **31**(10): 1571 - 1573

77 张辉, 郑崇勋. 基于扩展 Informax 算法的脑电信号伪差分离研究. 西安交通大学学报, 2002; **36**(10): 1054 - 1057

78 李全政, 高小榕, 欧阳婧. 胸阻抗信号中的呼吸波的去除. 清华大学学报(自然科学版), 2000; **40**(9): 13 - 16

79 王泽, 朱贻盛, 王自明, 等. 基于 ICA 的重叠语音基频提取和语音增强. 北京生物医学工程, 2001; **20**(4): 241 - 245

80 王泽, 朱贻盛, 李音. 独立分量分析在混沌信号分析中的应用. 电子学报, 2002; **30**(10): 1505 - 1507

81 刘喜武, 刘洪, 郑天愉. 用独立分量分析方法实现地震转换波与多次反射波分离. 防灾减灾工程学报, 2003; **23**(1): 11 - 19

82 倪晋平，马远良，孙超，等. 用独立成分分析算法实现水声信号
盲分离. 声学学报，2002；**27**(4)：321 - 326

83 李小军，张贤达，保铮. 基于独立矢量基的波达方向估计. 电子
与信息学报，2002；**24**(10)：1297 - 1303

84 胡波，赵青，凌燮亭. 基于盲信号分离的信道均衡算法. 通信学
报，1999；**20**(2)：70 - 73

85 张昕，胡波，凌燮亭. 盲信号分离在数字无线通信中的一种应
用. 通信学报，2000；**21**(2)：73 - 77

86 Liu J., Wang T. A new approach for on line blind equalization
and channel identification. *Journal of Southeast University
(English Edition)*, 1999；**15**(1)：20 - 25

87 Cichocki A., Kasprzak W. Nonlinear learning algorithms for
blind separation of natural images. *Neural Network World*,
1996；**4**：515 - 523

88 Bell A. J., Sejnowski T. J. The 'independent components' of
natural scenes are edges filters. *Vision Research*, 1997；**37**：
3327 - 3338

89 Sahlin H., Broman H. Blind separation of images.
*Proceedings of Asilomar Conference on Signals, Systems, and
Computers*, Pacific Grove, CA, USA, 1996

90 Oja E., Hyvärinen A., Hoyer P. O. Image feature extraction
and denoising by sparse coding. *Pattern Analysis and
Applications*, 1999；**2**(2)：104 - 110

91 Hyvärinen A., Hoyer P. O., Oja E. Image denoising by sparse
code shrinkage. *Intelligent Signal Processing*. IEEE
Press, 2001

92 Hoyer P. O., Hyvärinen A. ICA features of colour and stereo
images. *Proceedings of ICA 2000*, Helsinki, Finland, 2000；
567 -572

93 Hoyer, P. O. Hyvärinen A. Feature extraction from colour and stereo images using ICA. *Proc. Int. Joint Conf. on Neural Networks* (*IJCNN 2000*), Como, Italy, 2000

94 Hansen L. K. Blind separation of noisy image mixtures. *Advances in Independent Component Analysis*, Springer-Verlag, 2000; 161 – 181

95 Lee T. W. , Lewicki M. Image processing methods using ICA mixture models. *Independent Component Analysis: Principles and Practice*, Cambridge University Press, 2001; 234 – 253

96 Miskin J. W. , MacKay D. J. C. Ensemble learning for blind image separation and deconvolution. *Advances in Independent Component Analysis*, Springer-Verlag, 2000; 123 – 141

97 Miskin J. W. , MacKay D. J. C. Application of ensemble learning ICA to infra-red imaging. *Proceedings of ICA 2000*, Helsinki, Finland, 2000; 399 – 403

98 Bartlett M. S. , Lades H. M. , Sejnowski T. J. Independent component representations for face recognition. *Proceedings of the SPIE: Conference on Human Vision and Electronic Imaging III*, 1998; **3299**: 528 – 539

99 Donato G. , Bartlett M. S. , Hager J. C. , *et al*. Classifying facial actions. *IEEE Transactions on Pattern Analysis and Machine Intelligence*, 1999; **21**(10): 974 – 989

100 Liu C. , Wechsler H. Independent component analysis of Gabor features for face recognition. *IEEE Transactions on Neural Networks*, 2003; **14**(4): 919 – 928

101 Yuen P. C. , Lai J. H. Face representation using independent component analysis. *Pattern Recognition*, 2002; **35**: 1247 –1257

102 Kwak N. , Choi C. H. , Ahuja N. Face recognition using feature extraction based on independent component analysis. *Proccdings of International Conferences on Image Processing* , 2002; **2**: 337 - 340

103 Takaya K. , Choi K. Y. Detection of facial components in a video sequence by independent component analysis. *Proceedings of ICA 2001* , San Diego, 2001; 266 - 271

104 Choi K. Y. , Takaya K. Facial feature extraction from a video sequence using independent component analysis (ICA). *IEEE Pacific Rim Conference on Communications , Computers and Signal Processing (PACRIM'01)* , 2001; **1**: 259 - 262

105 Yu D. , Sattar F. , *et al.* Watermark detextion and extraction using independent component analysis method. *EURASIP Journal on Applied Signal Processing* , 2002; **1**: 92 - 103

106 Yu D. , Sattar F. A new blind image watermarking technique based on independent component analysis. *Lecture Notes in Computer Science* , Springer-Verlag, 2003; 51 - 63

107 Gonzalez-Serrano F. J. , Molina-Bulla H. Y. , Murillo-Fuentes J. J. Independent component analysis applied to digital image watermarking. *Proceedings of IEEE International Conference on Acoustics , Speech , and Signal Processing* , 2001; **3**: 1997 -2000

108 Zhang S. , Rajan P. K. Independent component analysis of digital image watermarking. *IEEE International Symposium on Circuits and Systems (ISCAS'02)* , 2002; **3**: 217 - 220

109 杨俊安,解光军,庄镇泉,等. 量子遗传算法及其在图像盲分离中的应用研究. 计算机辅助设计与图形学学报,2003; **15**(7): 847 - 852

110 吴小培,冯焕清,周荷琴,等. 基于独立分量分析的图像分离技

术及应用. 中国图像图形学报，2001；**6A**(2)：133 - 137

111 丁佩律，梅剑锋，张立明，等. 基于独立分量分析的人脸自动识别方法研究. 红外与毫米波学报，2001；**20**(5)：361 - 363

112 戴志强，张延炘，苏晓星. 基于 ICA 的人机交互手势的识别. 光电子·激光，2003；**14**(8)：866 - 868

113 黄雅平，罗四维，陈恩义. 基于独立分量分析的虹膜识别方法. 计算机研究与发展，2003；**40**(10)：1451 - 1457

114 刘琚，孙建德. 基于图像独立特征分解的数字水印方法. 电子与信息学报，2003；**25**(9)：1174 - 1179

115 孙建德，刘琚，张新刚. 基于图像独立特征分量的数字水印新方案. 电路与系统学报，2003；**8**(6)：53 - 56

116 Cichocki A., Karhunen J., Kasprrzak W., *et al*. Neural networks for blind separation with unknown number of sources. *Neurocomputing*, 1999；**24**：55 - 93

117 Amari S. Natural gradient for over-and under-complete bases in ICA. *Neural Computation*, 1999；**11**：1875 - 1883

118 Zhang L. Q., Cichocki A., Amari S. Natural gradient algorithms for blind separation of overdetermined mixture with additive noise. *IEEE Signal Processing Letters*, 1999；**6**(11)：293 - 295

119 Cao X., Liu R. General approach to blind source separation. *IEEE Transactions on Signal Processing*, 1996；**44**：562 - 571

120 Tong L., Liu R., Soon V., *et al*. Indeterminancy and identifiability of blind identification. *IEEE Transactions on Circuits and Systems*, 1991；**38**(5)：499 - 509

121 Gaeta M., Lacoume J. L. Sources separation without a priori knowledge：The maximum likelihood solution. *Signal Processing V: Theories and Application*, 1900；621 - 623

122 Pearlmutter B. A., Parra L. C. Maximum likelihood blind

source separation: A context-sensitive generalization of ICA. *Advances in Neural Information Processing Systems*, MIT Press, 1997; **9**: 613 – 619

123 Cardoso J. F., Laheld B. Equivariant adaptive source separation. *IEEE Transactions on Signal Processing*, 1996; **44**(12): 3017 – 3030

124 Amari S., Chen T. P., Cichocki A. Stability analysis of learning algorithms for blind source separation. *Neural Networks*, 1997; **10**(8): 1345 – 1351

125 Hoff T. P., Lindgren A. G., Kaelin A. N. Step-size control in blind source separation. *Proceedings of ICABSS'2000*, Helsinki, Finland, 2000; 509 – 513

126 Douglas S. C., Cichocki A. Adaptive step size techniques for decorrelation and blind source separation. *Proceedings of 32nd Asilomar Conferences on Signals, Systems, and Computers*, Pacific Grove, CA, 1998; **2**: 1191 – 1195

127 Paraschiv-Ionescu A., Jutten C., *et al*. Wavelet denoising for highly noisy source separation. *IEEE International Symposium on Circuits and Systems* (*ISCAS'02*), 2002; **1**: I201 –I203

128 Turk M., Pentland A. Face recognition using eigenfaces. *Proceedings of IEEE Conferences on Computer Vision and Pattern Recognition*, 1991; 586 – 591

129 周杰, 卢春雨, 张长水, 等. 人脸自动识别方法综述. 电子学报, 2000; **8**(4): 102 – 106

130 周激流, 张晔. 人脸识别理论研究进展. 计算机辅助设计与图形学学报. 1999; **11**(2): 180 – 183

131 杨奕若, 王煦法. 利用主元分析与神经网络进行人脸识别. 电子技术应用, 1998; **3**: 21 – 22

132 楼顺天，施阳. 基于 Matlab 的系统分析与设计——神经网络. 西安电子科技大学出版社，1998

133 金峤，方帅，阎石，等. BP 网络模型的改进方法综述. 沈阳建筑工程学院学报（自然科学版），2001；**17**(3)：197－205

134 胡昌华，张军波，夏军，等. 基于 Matlab 的系统分析与设计——小波分析. 西安电子科技大学出版社，1999

135 Buccigrossi R. W. , Simoncelli E. P. Image compression via joint statistical characterization in the wavelet domain. *IEEE Transactions on Image Processing*，1999；**8**(12)：1688－1701

136 Mathis H. , Douglas S. C. On the existence of universal nonlinearities for blind source separation. *IEEE Transactions on Signal Processing*，2002；**50**(5)：1007－1016

137 Jafari M. G. , Chambers J. A. Wavelet domain natural gradient algorithm for blind source separation of non-stationary sources. *Electronics Letters*，2002；**38**(14)：759－761

138 Pham D. T. , Garat P. Blind separation of mixture of independent sources through a quasi-maximum likelihood approach. *IEEE Transactions on Signal Processing*，1997；**45**(7)：1712－1725

139 Oja E. Convergence of the symmetrical FastICA algorithm. *Proceedings of International Conference on Neural Information* (*ICONIP'02*)，2002；**3**：1368－1372

140 Pajunen P. , Hyvärinen A. , Karhunen J. Nonlinear blind source separation by self-organizing maps. *Proceedings of International Conference on Neural Information* (*ICONIP '96*)，1996；1207－1210

141 Hyvärinen A. , Pajunen P. Nonlinear independent component analysis：Existence and uniqueness results. *Neural Networks*，1999；**12**：209－219

142 Taleb A., Jutten C. Source separation in post-nonlinear mixtures: An entropy based algorithm. *Proceedings of ICASSP'98*, Seattle, USA, 1998; 2089 – 2092

143 Taleb A., Jutten C. Source separation in post-nonlinear mixtures. *IEEE Transactions on Signal Processing*, 1999; **47**: 2807 – 2820

144 刘琚，聂开宝，何振亚. 非线性混叠信号的可分离性及分离方法研究. 电子与信息学报，2003；**25**(1): 54 – 61

145 Parra L. C. Symplectic nonlinear component analysis. *Advances in Neural Information Processing Systems*, MA: MIT Press, 1996; **8**: 437 – 443

146 Yang H. H., Amari S., Cichocki A. Information-theoretic approach to blind separation of sources in non-linear mixture. *Signal Processing*, 1998; **64**: 291 – 300

147 Pajunen P., Karhunen J. A maximum likelihood approach to nonlinear blind separation. *Proceedings of International Conferences on Neural Networks*, Lausanne, Switzerland, 1997; 541 – 546

148 Lappalainen H., Honkela A. Bayesian nonlinear independent component analysis by multi-layer perceptrons. *Advances in Independent Component Analysis*, Springer Press, 2000

149 Tan Y., Wang J. Nonlinear blind source separation using higher order statistics and a genetic algorithm. *IEEE Transaction on Evolutionary Computation*, 2001; **5**(6): 600 – 612

150 陈阳，何振亚. 亚、超高斯信号后非线性混合的盲分离. 应用科学学报，2001；**19**(3): 198 – 201

151 虞晓，胡光锐. 基于 FIR 神经网络的非线性盲信号分离. 上海交通大学学报，1999；**33**(9): 1093 – 1096

152 Haritopoulos M. , Yin H. , Allinson N. M. Image denoising using self-organizing map-based nonlinear independent component analysis. *Neural Networks*, 2002; **15**: 1085 - 1098

153 Theis F. J. , Puntonet C. G. , Lang E. W. SOMICA-an application of self-organizing maps to geometric independent component analysis. *Proceedings of International Joint Conference on Neural Networks*, 2003; **2**: 1318 - 1323

154 Herrmann M. , Yang H. H. Perspectives and limitations of self-organizing maps in blind separation of source signals. *Proc. ICONIP'96*, 1996; 1211 - 1216

155 Kohonen T. The self-organizing map. *Proc. IEEE*, 1990; **78**(9): 1464 - 1480

156 Villmann T. , Der R. , Herrmann M. , *et al.* Topology preservation in self-organizing feature maps: Exact definition and measurement. *Neural Networks*, 1997; **8**(2): 256 - 266

157 杨威，张田文. 复杂景物环境下运动目标检测的新方法. 计算机研究与发展, 1998; **35**(8): 724 - 728

158 王志雄，王慧琴，李人厚. 数字水印应用中的攻击和对策综述. 通信学报, 2002; **23**(11): 74 - 79

159 Shen M. , Huang J. , Beadle P. J. Application of ICA to the digital image watermarking. *IEEE International Conferences on Neural Networks and Signal Processing*, Nanjing, China, 2003; 485 - 1488

160 Gonzalez-Serrano F. J. , Molina-Bulla H. Y. , *et al.* Independent component anlaysis applied to digital image watermarking. Proceedings of *ICASSP'2001*, Salt Lake City, Utah, 2001; 1997 - 2000

161 Park H. , Oh S. , Lee S. Adaptive noise canceling based on independent component analysis. *Electronics Letters*, 2002;

38(15)：832 - 833

162　Xia X. G. , Geronimo, J. S. Hardin D. P. , *et al*. Design of prefilters for discrete multiwavelet transforms. *IEEE Transactions On Signal Processing* , 1996；**44**(1)：25 - 35

致　谢

值此论文完成之际,心中涌起无限感慨.多年的寒窗苦读和辛勤耕耘终于有了收获.首先我要衷心地感谢我的恩师 莫玉龙 教授,虽然莫老师已经离我们而去,但是他永远活在我们心中,是他将我领入了图像处理与模式识别这一领域,我对他的感激之情是无法用语言来表达的.

本论文是在方勇教授的精心指导下完成的,论文的字里行间都浸透着方老师辛勤的汗水,他平易近人的导师风范,高瞻远瞩的学术思想和一丝不苟的治学态度,使我受益匪浅,终生难忘.无论是在生活上还是在学术上,方老师都给予我很大的关心和帮助,在此向他表示最衷心的感谢.

感谢张兆扬老师和王朔中老师在百忙中抽出时间对本论文进行评审,并提出了许多宝贵的修改意见.此外,还要感谢图像处理实验室的所有老师和同学,没有他们的关心和帮助就没有我今天的成果.非常感谢张郑擎、侯卫东和胡海平三位师兄对本论文提出了许多修改意见,感谢严佩敏、罗伟栋和陈俊丽三位老师,感谢孟蜀锴、王青海、彭源、张庆利、朱耀麟、刘盛鹏等博士和张卫民、林磊、夏晨、黄若芸、余小宝、乌凌超、王兆禹、李玉峰、于洋、史宜文、卜俊锋、汪浩、严忠明、唐旭辉、张兼、王舒翀等硕士.

特别感谢我的妻子马俊莉女士,在我攻读博士学位期间,她一个人承担起家庭的重担,无论遇到什么困难和挫折,都无怨无悔地支持我.她不仅在生活上给予我无微不至的照顾,而且在学术上也给予我很大的帮助和启迪.

在此,我还要感谢我的家人,感谢他们多年来一直默默地关心、帮助和支持我,他们对我无私的爱是我一直前进的动力.我敬爱的父亲去年夏天离开了人世,他没有看到我毕业的那一天是我终生的遗憾,谨以此文告慰他老人家在天之灵,以表达我无限的愧疚之情.

最后,感谢所有曾经关心和帮助过我的老师们、同学们和朋友们!